好视频
一秒抓住人心

[日]高桥弘树◎著
六花◎译

北京时代华文书局

图书在版编目（CIP）数据

好视频一秒抓住人心 / （日）高桥弘树著；六花译 .
-- 北京：北京时代华文书局，2020.5（2021.1 重印）
ISBN 978-7-5699-3624-7

Ⅰ.①好… Ⅱ.①高… ②六… Ⅲ.①视频制作②网
络营销 Ⅳ.① TN948.4 ② F713.365.2

中国版本图书馆 CIP 数据核字 (2020) 第 062908 号

北京市版权局著作著作权合同登记 图字：01-2020-0982
1 BYO DE TSUKAMU
by Hiroki Takahashi
Copyright © 2018 Hiroki Takahashi
Simplified Chinese translation copyright ©2020 by Beijing Mediatime Books CO.,LTD
All rights reserved.
Original Japanese language edition published by Diamond, Inc.
Simplified Chinese translation rights arranged with Diamond, Inc.
through The English Agency (Japan) Ltd., and Shanghai To-Asia Culture Co., Ltd.

好视频一秒抓住人心

HAOSHIPIN YI MIAO ZHUAZHU RENXIN

著　　者｜高桥弘树
出 版 人｜陈　涛
选题策划｜薛纪雨
产品经理｜徐玺玺
责任编辑｜徐敏峰
封面设计｜仙　境
责任印制｜郝　旺
出版发行｜北京时代华文书局 http://www.bjsdsj.com.cn
　　　　　北京市东城区安定门外大街 136 号皇城国际大厦 A 座 8 楼
　　　　　邮编：100011　电话：010 - 83670692　64267677

印　　刷｜唐山富达印务有限公司
　　　　　（如发现印装质量问题，请与印刷厂联系调换）
开　　本｜880mm×1230mm　　1/32
印　　张｜7.5
字　　数｜150 千字
版　　次｜2020 年 5 月第 1 版
印　　次｜2021 年 1 月第 2 次印刷
书　　号｜ISBN 978-7-5699-3624-7
定　　价｜49.80 元

希望观众一秒也不觉厌倦地看到底

首先，对于您能翻开这本书，笔者深表感谢。

通过阅读本书，我保证您将有三大收获——

• 掌握可以运用于实际工作的"秘密武器"。

• 让每一天的"休闲视频时光"都变得意义非凡。

• 脑海中播放起 *Let It Be*。

那么，什么是"秘密武器"？

本书名提出的"一秒抓住人心"也是其含义之一。具体是指在内容创作、商品制造、公关宣传、策划、销售、媒体等诸多领域，为实现以下效果而必不可少的武器。

① 创造出前所未见的、有趣的策划方案。

②挖掘事物的"隐藏魅力"。

③让不感兴趣的受众也能产生兴趣。

④一秒抓住眼球，一秒都不让人厌倦。

⑤深入人心 。

本书主要由"策划技巧"和"传播技巧"两大部分构成。

前面提到的"隐藏魅力"主要是指隐藏在商品、服务或人物中的内在吸引力。关于以上五点内容的具体含义，我将在下文结合自我介绍一并说明。

我目前正在东京电视台制作一档名为《可以跟你回家吗？》[①]的综艺节目。

我们将镜头对准那些错过末班车的人们，由节目组提供打车费，询问他们"能不能跟你一起回家？"如果获得了对方的同意，就即刻跟拍他们直到回家。节目内容不过如此。

虽然听起来很简单，但这个综艺从2014年1月开播，到今年已经播出六年了。

能采访到市井百姓的真实生活是一大难点，这也正是这档节目的看点。我们采访的对象必须非常普通，他们真的就是那些走在大街小巷之中，普普通通的市井老百姓。

这档名为《可以跟你回家吗？》的电视节目因为以下的三大特点，被看作是很成功的节目：

① 平均收视时长比例高。（从节目开头看到结尾的观众占比高）

② 录制节目的比例高。（想录下节目，反复观看的观众人数多）

---

① 一直收看这档节目的朋友，感谢你们的支持。还没看过的朋友，也请一定来看一看。

③ 节目的收视质量高。（"认真收看"节目的观众人数多）

影响所有内容行业的全新市场革命势在必行。简而言之，以秒为单位迎合消费者喜好的时代已经到来。

现代社会，人人都可以成为视频的创作者，尽管时长不同，但优质视频内容创作的原则和方法总是相通的。观众的"心情有什么变化""怎样激发连续消费"之类的分析，几乎是所有视频创作者都要认真思考的问题。

在进入东京电视台之前，我完全没有制作影像内容的经验。进入电视台之后，也没学过一丁点市场知识。

但是就像我去挖掘那些市井百姓的魅力一样，我总希望能找出更多大家"从没看过的有趣内容"，并想方设法让更多的人能有兴趣收看。为此，我写过无数策划案，也不停地制作出新节目，而在这一过程中琢磨出的点点滴滴的"经验"，就汇聚成了这本书。

我在朝日电视台旁的六本木茑屋书店里，把自己所能想到的经验一条条写下，最终它们变成了这本书里的 32 个技巧。

不只是"阅读"，而是能让你"体验"其中，这正是本书的宗旨所在。

我希望这本书能带给你无与伦比的实用性，读过之后，能让你发自内心地产生"工作有干劲了""感觉思维有变化了"这样的想法。

一、感觉自己得到了有使用价值的超强"武器"

为了让你能拥有这种读后感，我在章节安排上下了些功夫。

视频内容的制作者，网络文章创作者，从事商品公关宣传、销售、策划工作，或想提升自己策划案技巧的读者，大家可以根据自身需求，从对自己工作最有用的章节开始阅读。

如果你想学习前所未见的有趣内容的策划技巧，请看第一章。

如果你对挖掘隐藏魅力的采访技巧感兴趣，就从第二章读起。

若是想深入研究独具魅力的传播方法，第三、四章内容是你的首选。

如果你想知道如何在更多人心中，留下深刻印象，请直接看第五章。

当然，从头读起，你能更全面地感受这本书的乐趣。

二、希望观众一秒都不会厌倦，一直看下去

作为一个电视人，我常常想，如果电视业消失了，应该也不会有人觉得困扰。跟粮食、电力不同，即使电视消失了，肚子不会饿，身体健康也不会受影响，更不可能遭遇生命危机。特别是电视台的综艺节目制作部，我觉得它真是世界上最没必要存在的职业。

但也正因如此，我们需要一直思考"要怎么做才能让视频有

趣呢"，也为了能成为这方面的专家，我们一直在不懈努力。

所以，每 1 秒钟都很重要。

电视业比任何行业都严格地以秒为单位，将让人"感兴趣""看不厌"的技巧磨炼到了极致，试想把这些技巧跟原本不需要如此追求极致的其他行业内容相结合的话，它们绝对会成为帮你制造内容差异化的完美武器。

值得一提的是，写入本书的技巧，全是我在东京电视台工作期间总结出的心得。所以，即使预算不足，这些技巧也完全适用。

迄今为止，我在东京电视台制作的电视节目中，预算最少的是一档名为《想被美女大骂》，时长为 30 分钟的节目。节目的预算只有 50 万日元，大概还不到其他电视台节目预算的五分之一，说不定还不如大学电影制作小组的预算多。

"真的没钱了，无计可施了。"

这么想着的你，先来读读本书的第一章内容吧。关于我为什么要在朝日电视台旁的茑屋书店写下这本书，你也会明白的。

如果这本书给大家的工作带来帮助，还能让你在今后收看电视、网站的视频节目时收获更多的乐趣的话，我将感到非常荣幸。

高桥弘树

第一章　1 秒抓住人心
——全部向"反方向"走就好

2

第二章　为了挖掘出内容的魅力，"故事"为什么必不可少？
——挖掘"隐藏魅力"，让人产生兴趣的技巧

5

第五章 深入人心的"深度内容"的创作法
——让更多人产生"这节目我还想看！"的念头

第一章　1秒抓住人心

"前所未见的有趣内容"创造法

——全部向"反方向"走就好

1. 开发新领域的能力

从根本上推翻"固有思维"

● **本节推荐阅读人群：**

· 服务于制造业、服务业、金融业等行业，想开发"新产品"的你。

· 视频、广告、销售、公关行业，想挑战"全新策划"的你。

· 正在发掘"新的商业项目"，准备创业的你。

一般来说，无论在哪个行业，"在成功商品的基础上改良改良吧"的想法都占绝大多数。这也是理所应当的想法，因为大家都想做出更好的东西。

从增加附加价值的方向考虑，"做加法"是正常操作。

但对于在东京电视台这么个小企业工作、大学还留过级、工作年限要比同年进公司的人少一年的我而言，在竞争对手众多的地方，我常常从反方向来思考战略。

我认为，只要去做"绝对没人见过的新东西"就好。为此，颠覆世间陈规定式，就是一条"捷径"。

也就是说，我着力尝试从根本上推翻"固有思维"。

以我策划的《可以跟你回家吗？》为例，导演们前往各个车站守候，发现错过末班车的人就上前搭话：

"我们来付打车费，可以跟你一起回家吗？"

对方同意的话，导演们就即刻跟拍他们回家。

在深夜的街头，导演们跟着酩酊大醉等形形色色的人回家，我们希望看到的可不是他们在外人面前带的社交面具，而是回到家才会表露出的内在的真实自我。我们的节目内容虽有纪录片感，但从反方向否定一直以来纪录片所遵循的高端理念，才是我们节目导演遵循的基本原则。

简而言之，我们的核心概念是"即兴纪录片"。

拍纪录片有条不成文的定律——"花长时间耐心积累大量素材，才能做出好纪录片。"而我们瞄准的是这一"不可动摇"的思维的反方向。

我在观看过其他电视台的优质纪录片之后，一直抱有自卑感。我特别喜欢东海电视台制作的《人生果实》，伏原健导演在远离都市的郊区，找到一对生活在自己建造的庭院和蔬果园中的老夫妇，耗时两年记录了他们的田园生活。

制作出《亚诺玛米～在亚马孙深处的原始森林生活～》的NHK电视台，他们跟巴西政府交涉长达10年，终于成功深入亚马孙深处的一个被称为"最后的石器人"居住的部落，进行了长达150天的贴身拍摄。

现实问题来了，身处东京电视台综艺节目制作部的我，根本不可能采用跟这些名作一样的表现手法。长时间跟踪采访所需的人力、与相关对象交涉的精力、拍摄机会，我们全都没有。

"干脆开创个'超短期贴身采访纪录片'的新类型吧！"带

着这种想法，《可以跟你回家吗？》这一与传统纪录片完全相反的思维诞生了。

这档节目真是名副其实的超短期贴身采访。在末班车结束后的街道上，我们从被答应跟拍的瞬间开始，直到跟拍到家、被拍者准备入睡为止，是我们的决胜时段。短的话 1 个小时，长的话有 5～6 个小时，平均下来一般 2~3 小时。

但我们如果只是单纯的缩短拍摄时间，还是会输给用时长取胜的传统纪录片。毕竟花费更多时间拍摄制作的纪录片在我看来品质都不错（至少大多数都是）。因此，我们非常需要一个能激发出短时间拍摄魅力的"武器"。

答案就是"即兴"。

"初次见面就马上跟着回家。"

如果是长期拍摄，我们不可能对如此重大的事情立刻做出决定。这是只有短时间"决战"才能使用的武器。

在音乐界和戏剧界，都有即兴演奏、即兴剧这样的即兴表演类型。所以我想，纪录片是不是也能即兴呢？

我在制作《可以跟你回家吗？》之前，做过一档名为《从空中欣赏日本吧》的节目。回想当时的拍摄经历，我总是觉得还差点什么。

在那档节目中，我们去了奥多摩的深山、濑户内海的孤岛等地方，每当遇到愿意接受我们采访的普通人家，节目组的同事们就提前跟对方约好"几月几日，我们去您家拍摄"，结果大家都会把家里收拾得干干净净，一点生活气息也没有。

"有点没意思啊！"当时我常常如此感慨。

"有客人来，必须把家收拾干净。"对大部分人而言，这是理所应当的事。但从拍摄者的角度来看，多少有点欠缺。一旦提前约好时间，就肯定拍不到生活气息浓郁的原本的居家场景。

因此，我们利用短时间拍摄，"立刻马上"开始跟拍。这样，拍摄对象就没有了"打扫干净屋子"的时间。换言之，就是要尽可能地去减少他们扮演自己的准备时间。

"收拾房间"，就是扮演自己的一种方式。正式拍摄前留出的准备时间越长，"收拾好房间，慢慢考虑要说点什么，等待着摄影师到来"的这种"扮演自己"的准备也会越多。

在《可以跟你回家吗？》中，我们不会给拍摄对象预留准备时间，正因为是即兴，才能描绘出市井百姓的真实生活，这也正是这档节目的趣味和价值所在。

不过你看，《可以跟你回家吗？》其实只是单纯地否定了"长时间拍摄才能出好作品"的传统纪录片拍摄思维。

如果你正想制作一个前所未见的有趣东西，第一步请先去观察既有的内容类型，去发现迄今为止没有被发觉的"理所当然"的规则和基本结构吧。

这是非认真观察而不可得的，因为它们早已成为常识。不过，这种常识越是明显，越是被认为是"基本中的基本"，否定它时的冲击力就会越大。毕竟，平时谁会想着去颠覆常识呢？

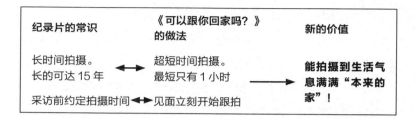

2. "做减法"的能力

只留下"最想传达的价值"

● 本节推荐阅读人群：

· 想制作"人们从未见过的内容"的你。

· 想做出让人印象深刻的"策划案"的你。

· 身处视频、公关、广告等行业，想追求作品"真实感"的你。

《可以跟你回家吗？》里，并没有解说词，也几乎没有配乐（主要插曲仅片尾及其他三处播放的 Let it Be）。

在节目开播之初，黄金时段的节目敢不用解说词的，简直不敢想象，真的算得上史无前例（即使现在也很少有这样的节目）。

那么我们为什么没有解说，也几乎不使用配乐呢。

因为解说词和过度使用的音乐，容易产生煽情效果，让观众认为节目里包含了比原本拍摄内容更多的价值。

解说会擅自猜测被拍摄者没有表达出的心声并代为发声，而且拍得再差的画面，只要配上汉斯·季默[1]或久石让[2]的音乐，也能瞬间变成或勇猛或悲情的场景。如此，解说和音乐就成了节目制作者有目的地引导观众情绪的工具。

反过来说就是，拍摄素材的真实感会渐渐消失。国外纪录片常常会有解说，不过像《遁入寂静》[3]那样，不带任何解说和配乐的片子也不是没有。

不过在看《遁入寂静》时，我睡着了。身处商业化的电视媒体行业，按说是不能冒险放弃解说和音乐的，但在个别情况下这样做，也能产生超越这一不利因素的好处。这时就要大胆做减法。

在《可以跟你回家吗？》里，不用解说和音乐的好处，可以总结为三点。

第一，创造出深夜独特的紧迫感。在迄今为止的电视节目中，很少有不加解说和音乐的，"违和感"由此诞生。

---

　　[1]　电影配乐家，作品以恢宏壮阔的旋律见长，代表作有《加勒比海盗》《角斗士》《最后武士》等知名电影的配乐。
　　[2]　作曲家、钢琴家，凭借宫崎骏《风之谷》以后的动画作品，北野武的《菊次郎的夏天》等电影作品的配乐，三得利《伊右卫门篇》的广告配乐等作品广为人知。
　　[3]　忠实记录法国修道院生活的纪录影片。按修道院规定，没有使用任何旁白和音乐。是一部长达169分钟"超考验观众耐心的纪录片"。

第二，正如千利休的牵牛花理论："插入瓶中的一枝牵牛花，比满园盛开的牵牛花更有美感。"放弃大部分音乐，节目组唯一希望通过片尾曲 *Let it Be* 传达的信息："我们对每个人当下的人生，都持肯定态度"，将得到更好地突显。

最后，符合追求"绝对真实感"的时代特性。

自互联网诞生以来，观众能接触到更多电视台制作方的幕后信息，越发见多识广。要小聪明的表演，马上就会被识破是照剧本演的。大家也知道节目解说词都是由放送作家 ① 写的。人们看电视的同时，质疑"这是真的吗？"的时代已然来临。

我想正是在这种年月，追求绝对真实感的表现手法，反而会深入人心吧。我们的节目不使用解说，也几乎不用音乐，正是给追求"超级真实感"的网络时代观众们的一个答案。

为了追求这种"超级真实感"，除了在解说和音乐方面，我们还使用了几种减法。

其一，排除"必然性"。

也就是说，我们不会对拍摄对象做任何选择和安排。

通常，拍摄纪录片的流程是拍摄者先做调查，然后去寻找适合接受采访的主人公。这类纪录片标榜的是一种"观看的必然性"。

在《可以跟你回家吗？》中，我们大胆放弃了这种做法，制作的是"偶然的纪录片"。

---

① 在日本媒体行业中，专门为电视、广播节目撰写策划案、脚本、解说词等内容的作家。

主人公都是碰巧走在街上的普通百姓，把镜头对准那些就在我们身边半径 10 米以内的人们，我想应该就能拍出绝对真实的纪录片吧。

在后边的内容中，我会详细介绍更多有趣的节目片段，很多看似随意跟拍上的人，都给节目带来了意想不到的人生故事。

我们在日常生活中，都戴着形形色色的社交面具，每个人都若无其事地生活着，但是在内心里，或许谁都藏着一些不为人知的故事吧。在制作这档节目时，我常常感慨于此。

不过在节目里登场的也不全是很有故事的人。一到家就惹厉害的老婆发火，立马停止拍摄，以及新婚夫妇一个劲儿卿卿我我，我们也拍了不少。

这些都是"超普通的日常生活"，别人家厉害的老婆发飙的真实样子，别人甜蜜生活的样子，都不是常常能看到的，"虽然都是半径 10 米以内人们的寻常小事，但却都没看过"。

这些都是通过对过去的思维"做减法"，使用"即兴"和"偶然"的手法，才得以完成的珍贵影像。

纪录片的常识	《可以跟你回家吗？》的减法	由此产生的好处
营造氛围的解说和音乐 ◀▶	无解说、无音乐	深夜的紧迫感、最想传达的信息得以强调、绝对的真实感
有目的地选择主人公（必然）◀▶	偶然走过街头的人就是主人公（偶然）	

3. "热爱消极"的力量

挖掘"好烦人"的魅力

● **本节推荐阅读人群:**

· 想发现百分百"蓝海"的你。
· 想传达"卖不动商品"魅力的你。
· 想打破"市场壁垒"的你。

如果你想让自己制作的商品或内容大火,想拥有一众狂热粉丝,让人们觉得"这东西还真没见过,挺有意思的"就十分必要。

我有一个非常实用,且超级简单的思考方法推荐给各位。

这个思考方法真的非常简单,即把人们觉得"烦人""讨厌""俗气""懒得看"的事物的魅力挖掘出来。

为什么这能跟商品大火,吸引狂热粉丝扯上关系呢? 其实,这堪称一种"革命"。

我做过一档名为《想被吉木梨纱大骂》的节目。

深夜1点半播出,时长只有5分钟,制作背景"非常有挑战性"。

明明想对憎恨之人大加诅咒,被劝适可而止之后,越发想咒骂一番的5分钟电视节目。这种内容,平时很难看到。

节目全程都是偶像吉木梨纱面对镜头,对着虚拟的第一视角男性大发脾气。生气的状况也是多种多样。

　　·对"总是挑剔别人缺点，自尊心过高的男人"生气的美女。

　　·对"只想带女生去小众餐厅，对餐饮连锁品牌店各种鄙视的男人"生气的美女。

　　·对"聊什么都先否定，永远不成大器的男人"生气的美女等等。

　　在平面写真和综艺节目中总是面带笑容的吉木梨纱的暴怒视频，一经播出就引发热议，后来还出了 DVD 及书。

　　不止如此，NHK 综合电视台的黄金时段节目《首都圈特别报道，果然想被骂一骂（年轻人中流行的"渴望被骂"）》，更把我们的节目创意上升为一种"社会现象"大加报道，反响越发广泛。

　　这档节目就是对"大发脾气"这一原本消极的内容元素稍作加工，利用其相反价值，从而挖掘出魅力。

　　我将这种"发脾气"的魅力，概括为以下 4 点。

　　① 本来不发脾气的偶像会大发脾气的"新鲜感"。
　　② 本来令人不快的发脾气的"有趣感"。
　　③ 本来令人不快的发脾气的"桑拿式"魅力。
　　④ 本来令人不快的发脾气的"广告性质的"魅力。

　　以下，我对这 4 点内容做简要说明。

1. 本来不发脾气的偶像会大发脾气的"新鲜感"

首先不管怎么说，这档节目在雅虎新闻和电视杂志等媒体上成为热门话题，都是因为"偶像与大发脾气"这种"前所未见的组合"。

偶像给人的第一印象多是笑容甜美，特别是吉木梨纱，一提到她，人们想到的总是温柔的微笑。把这样的人物形象跟发脾气放在一块，这种违和感的冲击力肯定不一般。

不过，单是这种"新鲜组合的违和感"还远远不足以成为一种"魅力"。

2. 本来令人不快的发脾气的"有趣感"

通过揶揄那些吵架或生气的人，以"瞎胡闹地发脾气"来制造笑点的节目已经有很多了。

不过《想被吉木梨纱大骂》里的发脾气并非玩笑胡闹，而是"真正地发脾气"。而且我们打破了第四堵墙，让观众觉得好像真的被骂了一样，最终的节目成片就全是第一视角的影像。

制造"有趣"的手法之一——"认真这东西，做过了头也会变得好笑"。"过量"正是触发"有趣"的关键点。

虽然这是创造"笑料"的一种常用手段，但对制造"愤怒"同样适用。被人骂固然不是件愉快的事，但如果被骂的内容比自己想象的要认真正经，不知不觉中，骂声就会变得有意思起来。

在观察真实的社会百态时，能把觉得有意思的瞬间记进脑子，内化成自己的养分，这才是最重要的。

日常生活中，看电视、看电影、读书等一切生活场景都潜藏着有趣的线索。

但只是使用过量元素和第一视角这些技巧，魅力仍然不足。对我们电视人来说，只有一瞬间的有趣，还不足以成就一档节目。即使最多只有5分钟，也不能放弃其"故事性"。不然就太浪费宝贵的电视资源了。

反过来看，正因为只有5分钟，若是把强有力的想法注入其中，定能做出无人能敌的内容。

这一想法正是我接下来要讲的第三点魅力。

3. 本来令人不快的发脾气的"桑拿式"魅力

就一般情况而言，观看娱乐节目中的"故事"，能给人带来一种心灵治愈的感觉。

这些故事的基本结构都是大家熟知的"起承转合"，但在短短5分钟的节目里，我们没办法做到面面俱到。虽说5分钟已经够短的了，但5分钟的电视节目还要插入广告，实际能留给节目内容的时长，也就2分钟左右。

最终，我们的节目使用了以下技巧——"将大发脾气的负能量，在节目即将结束时瞬间反转"。节目整体结构也确定为——开头虽然对你破口大骂，但其实"全是因为太喜欢你了，我才说这些的，傻瓜！"如此在节目最后送上最激烈的生气桥段。

如果只是被骂，即使有意思，也只能创造"负能量"，但是只要在最后关头说出"全是因为太喜欢你了，我才说这些的，傻瓜！"就能以一句话立刻反转，"负面"情绪就能摇身变为"正面"情绪。

而且，"发脾气"的负能量越高，结束时制造的落差就会越大。

以感觉作类比，这跟"蒸桑拿"很像。特意坐进热乎乎的房间，只会给身体带来压力。但是在桑拿间积攒的压力，会在之后泡冷水澡时突然反转，变身为"快乐时光"的前奏。

具体到我们的节目上，"被大骂"从消极意义到积极意义的转变，使"压力"变身为"魅力"。这种"桑拿式"的心灵治愈法，在《想被吉木梨纱大骂》的短短5分钟中里实现了。

对于节目的故事主干，即被骂的内容，在最多2分钟的时间内，我会尽可能地给它"穿上"好懂好笑的外衣，并融入像卡尔·施密特[①]、艾里希·弗洛姆[②]这样大家的思想精髓，只为打造出真正有看头的节目内容。为了每期短短2分钟的故事脚本，我都是拼了老命地在思考，投入全身心地创作。

如此努力的意外收获是，除了我最初追求的"影像的有趣度"和节目登上了雅虎新闻的热门话题之外，没想到《读卖新闻》的文化部记者和一些知名媒体，还对我引证卡尔·施密特之笔做了相当认真、严肃地评论报道。

---

①　德国法学家。代表作有阐述政治本质即敌友之区别的《政治的概念》，以及就消灭"绝对的敌人"这一概念做出详细论述的《游击队理论》。

②　美籍德裔社会心理学家，代表作为《逃避自由》。书中指出，无条件被赋予自由会带来灾难，能承受自由附带的孤独和责任的人，才能构建理想社会。

实在没想到这个 5 分钟的节目能在全社会引发如此大的话题性。看来，大家真的很喜欢"桑拿"呢。

此外，关于故事方面的"桑拿结构"，我会在本书后段再做详细介绍。

4. 本来令人不快的发脾气的"广告性质的"魅力

以上内容，都是我从导演角度，关于如何"挖掘消极内容之魅力"而运用的技巧。

但是，由于《想被吉木梨纱大骂》这档节目有着跟其他节目不同的制作缘由，"挖掘消极内容之魅力"的技巧还有第 4 点可谈："发脾气"和"广告"的关系。

制作这档节目时，我们受到了广告行业的诸多关注，因为它正好处于被称为"广告时段"的播放时段中。

这点跟观众们其实没什么关系，都是电视台根据自身需求，将电视节目严格分成了两大类——以获取收视率为目的的"内容时段"，和应对广告营业问题的"广告时段"。

前者多指那些在黄金时段播放的电视节目。平时大家喜欢收看的节目，大多数都是属于这一类。

后者呢，就是为了宣传赞助商的产品或提升其品牌形象，在听取广告主的需求后而制作的电视节目。

我们的节目之所以只有 5 分钟，也是受时段影响。反正 5 分钟节目的广告费也不高，广告主做决策就容易得多。

也不能说所有节目都是这样吧。不过，5 分钟这么短的节目根本没有慢慢提升品牌形象的时间，我们决定先营造出高级的感觉，然后直接推荐商品。

可惜《想被吉木梨纱大骂》是个意外的毫无高级感可言的节目。我们节目的基本内容就是"发脾气"，90% 的组成要素都是"坏话"。

这跟过去的"广告时段节目"和"广告"的做法可完全不同。不过，在倾吐过一堆"坏话"，当每一期的故事讲完之后，又回到平常状态的吉木梨纱会在 30 秒的"商业信息广告"时间，说出"为了不变成这样的废材，你需要……"的广告词，光明正大地推荐商品。

那些发脾气内容带来的"消极效果"，从反面来看，如果广告商品或服务恰能解决那些惹人生气的问题，"消极效果"就会对广告产品产生积极正面的推动作用。可见消极的内容能否产生积极效果，全取决于你如何灵活运用广告产品的功能。

因为我们的节目正片没有推荐商品的镜头，所以观众不看最后的广告部分的话，节目看起来也足够完整，最后的广告反而成了节目附加的噱头，自成乐趣。

但平铺直叙地推荐商品仍显单调，我们会借鉴知名广告的情节，让观众在收看时，还能不自觉地吐槽"这不是那什么的广告嘛"，这也是又一次发挥了"发脾气"和"说坏话"的积极效果。

"发脾气"的常识	《想被吉木梨纱大骂》的思维	由此而生的好处
偶像不会发脾气　◀▶	偶像也可以发脾气　➡	**从没见过的新鲜感**
被骂只会不开心　◀▶	被骂只会不开心　➡	**感觉有意思**
被骂只会不开心　◀▶	被骂只会不开心　➡	**心灵得到治愈**
广告时段的节目通常不好看◀▶	把节目表现得很高级　➡	**为商品增加魅力**

学会了吗，乍看之下"消极"的东西，稍作如下操作也能发挥出积极效果。

· 组合法

· 剪切再利用法

· 利用故事性

· 灵活运用赞助商品的功能

如果你想创造出能带动流行、拥趸众多的"前所未见的有趣产品"，就去发掘消极内容的吸引力吧，这招非常有效。

4. 打破平衡的能力

让"没钱"成为武器

● **本节推荐阅读人群：**

· 想打败龙头企业的你。

- 想避开跟龙头企业直接竞争的你。
- 预算低又必须做出好内容的你。

我在前三章中给大家介绍的 3 种技巧，采用的都不是正面进攻法，而是挑战现有思维的另类路子。

"为什么必须那么做呢？"如果你产生这种疑问也很正常。

我们每个人，都很容易把自己放在"挑战者"的位置上。如果你也觉得自己正处于这样的立场，我想前面介绍的技巧一定会给你启发。

我不管策划什么，都习惯带上缺乏资金这个前提，这全是因为我所在的东京电视台，真的是像我之前多次提到过的那样，特别"穷"，靠正面进攻我们绝对无法杀出重围。

另一个原因是我还受到自己所处"年代"的影响。那些堪称历史名人级别的导演，他们的作品其实都在告诉我们，从我们的上一辈开始，就已经在不断创造历史了。

再说到综艺节目领域，不得不提的是我从小就在看的富士电视台《超级有趣！》的总导演——片冈飞鸟，他独自创造出了综艺节目里的"吐槽字幕"。还有日本电视台的土屋敏男导演，他制作的《前进吧！电波少年》，也是我幼时钟爱的节目。再有自由导演田中经一，他一手打造的《料理铁人》和《隧道队的拍卖会》，都是我小时候每周必看的热门节目，他的导演风格总是别具匠心，让我非常佩服。正是以上这些人一起构筑了我们这个行业的历史。这些人我虽然都没见过，但他们至今仍活跃在行业内。

这些前辈们开创出的一个又一个在当时最时髦的节目技巧，都已成为如今业内的常规操作方法。正因如此，电视台的很多节目都让人觉得似曾相识。

基于公司资金不足、行业前辈创造的历史这两点原因，如今我们若想创作出"全新的有趣内容"，就必须花费更多的精力，并充分利用我前三节讲过的策略。

这可不仅仅是电视媒体行业和东京电视台的事。所有的非龙头企业，在跟行业巨头竞争时，常常都要面临资金不足的劣势。

而且，所有的产品和服务，在创立初都要面临其行业的历史问题。"与当下成功产品和服务的差异化"，通常都是开发新产品时需要面临的最大课题。

或许你会觉得，"得做出至今没见过的新产品，感觉好麻烦啊！"

但是事实并非如此。就像我上一节提到的"热爱消极"的力量，你只需要把它灵活运用到你所在的环境中，让"没钱"这个乍一看是劣势的因素，变成你的优势就好了。

首先咱们乐观点来看问题，所谓"没钱"，意味着就算失败了，也损失不了多少。

跟其他电视台相比，东京电视台的预算简直少得可怜，所以就算节目做砸了，也不会轻易就感受到来自自己良心的谴责。"如果收视率不好，明天不去上班就行了……"大家最多会这么想。

再者，想让"没钱"变成你的"武器"，做出前所未见的有趣内容的话，你能采用的花钱战略，就只有"打破平衡"。

仔细盯着你的预算表，去打破它的平衡吧。

以制作一档黄金时段电视节目为例，假设其他电视台的预算是 3000 万日元，东京电视台的预算就是 1000 万日元。

如果将 3000 万日元均衡分配的话，预算会如图 1 所示。有摄影棚，有外景录像，还得加上解说和音乐，最后做出一档很像样的电视节目。

如果是 1000 万日元的话，预算会变成图 2 那样。自然是差很多了，可以说录制之前就"注定了"节目会失败。公布收视率的那天，只好请假去公园溜达了。

既然如此，不如大胆地打破这种没用的平衡吧。我觉得这才是东京电视台这种处于劣势的电视台该采取的竞争战略。

具体请看图 3 的预算分配，各位感觉怎么样？外景预算居然涨到了 800 万日元，真是个好消息！

其他电视台的外景预算是 600 万日元，如果单看外景质量的话，我们这边能做得更好。那么单靠这点来取胜就好了。摄影棚可以差一点，根据具体情况，没有也行，关键是要把外景部分做得无人能敌！

图 1

	嘉宾演出费 =20%（600 万日元）
其他电视台（保持平衡）3000 万日元	摄影棚预算 =20%（600 万日元）
	外景预算 =20%（600 万日元）
	后期剪辑费用 =20%（600 万日元）
	解说音乐等其他费用 =20%（600 万日元）

图 2

	嘉宾演出费 =20%（200 万日元）
东京电视台（保持平衡）1000 万日元	摄影棚预算 =20%（200 万日元）
	外景预算 =20%（200 万日元）
	后期剪辑费用 =20%（200 万日元）
	解说音乐等其他费用 =20%（200 万日元）

图 3

	嘉宾演出费 =10%（100 万日元）
东京电视台（打破平衡）1000 万日元	摄影棚预算 = 无（0 万日元）
	外景预算 =80%（800 万日元）
	后期剪辑费用 =10%（100 万日元）
	解说音乐等其他费用 = 无（0 万日元）

继续这么做下去的话，"东京电视台的节目虽然看着土，但不知道为啥外景做得特别有意思！"我想观众们都会给出这

种评价。

图 3 的 "打破平衡的预算"，这个分配可能看起来稍显简单，但它正是《可以跟你回家吗？》的预算理念。

如前所述，《可以跟你回家吗？》里没有解说，也几乎没有音乐，连摄影棚也完全没用。

那么最花钱的就只有外景了，具体来说，是外景中的人事费。

我们这档节目，是由近 70 位导演一起制作的。

在日本，甚至放眼全世界，恐怕都没有一个电视节目能有 70 位导演。一般的黄金时段节目组是 5~10 人，多一点的话也就是 20 人左右。像日本电视台《电视 24 时间》那样的超大型节目，也只有 30~40 人。《可以跟你回家吗？》应该是世界上导演人数最多的电视节目了。

而让这一切成为现实的秘诀，就在图 3，因为打破了预算的平衡。

看过这档节目的观众会感慨，"大半夜的居然会让人跟着回家啊？" 有时，网上也会出现不少 "这是节目组安排的吧" 的质疑。

怀疑节目真实性的反应，恰恰说明了我们的节目是 "前所未见的有趣"。

但还是要告诉人们，节目内容都是真的。请试着想想吧，大半夜被搭话 "让我跟你回家吧" 还马上答应的人，几乎并不存在。就算是有经验的导演，我想大多也会碰壁。

在深夜里，能找到那么多答应电视台跟拍回家这种离谱要求的人，全要归功于无论风雨暑热都在努力做外景的我们的 70 位导演。

来看一个他们找到的故事吧……

2018 年 1 月 22 日，因大雪导致交通瘫痪的历史性的一天。我们跟拍到一位 20 多岁的女性，回到她的家后，是一片未经整理的杂乱景象。问及理由，女孩说是因为父亲去世后，母亲的悲伤情绪始终无法消除，因此也就无心收拾家了。女孩的父亲"自杀"去世，当时还被媒体报道过，但他是否真的是自杀身亡，母亲至今也没得到确凿消息。原来这位父亲死前正供职于被称为"日本 CIA"的内阁情报调查室，一直以来，他都不能跟家人提起自己的工作，始终活在国家机密之中。

在给女儿的遗书中，这位父亲如此写道："我还想再多陪陪你，我的死跟你没有关系……"这是我们偶遇的一段真实故事，却不可思议得如同电影桥段，或者应该说，它已经完全超越了电影。如果知道这个节目的外景模式和结构，看了节目开头"持续被拒绝的画面"，不是只从跟拍回家的地方看起的话，我想去网上吐槽说"东京电视台作假"的人会变少吧。

全银河系最弱的东京电视台，能制造出拥有世界最多导演人数的节目，靠的就是"打破平衡的能力"。

但是，这一技巧跟第 2 节的"做减法能力"一样，你要去选择删减后能带来优势的那一项。或者将做减法过程中产生的"不利因素"逆转，才能创造出正面效果。

推翻那些固定的"似曾相识之物"，打破平衡，就是有效手段。至于原因嘛，因为预算平衡的本来面目，就是那些不断累积的经验的固化。

5. 1.5 倍的能力

将一种技能磨炼到极致，绝不会失败

● **本节推荐阅读人群：**

· 想提升自己的专业技能，实现差异化的你。

· 想知道制造流行的绝对必要条件的你。

· 想在竞争中获胜的你。

告诉你一条做出"好东西"的靠谱捷径——只需比别人多努力"1.5 倍"。

"这么麻烦，我哪儿能做到啊！每天光工作就忙死了，早就努力够 1.5 倍了吧！"

或许你会如此吐槽，但这真的是最有效的途径。当下社会似乎很推崇"只要付出一点努力，就能拿出高效完美的工作成果"。

但是真正能做到的只有以下三种人。

① 天才之人

② 会用人的人

③ 不是创作者，而是创作者的"经纪人"

1．天才之人

先来说第一点。诚然，世间有一些被称为"天才"的人。也许他们只要付出一点努力，就能拿出惊为天人的成果。

但是：

·所谓天才，世间几乎没有。

·天才的行动，我们模仿不来。

所以，想变成天才只是徒劳。想去参考天才的方法，也只是浪费时间。

在日本的电视媒体行业，有很多被称为"艺人"的人。所谓艺人^①，也有才能的意思。但即便在这群人中，也极少有天才。能出名的艺人，都付出了相当的努力。

我跟艺人们的接触虽然不多，不过在做电视剧《文豪的食彩》时，有幸跟主演胜村政信先生吃过一回饭。当时他真的是全程都在谈论表演，"苏联的表演是那样""模仿动物是这样"等等。我们从第一家吃到第二家，他的话题始终没离开过表演。

吉木梨纱也是如此。前面提到过的节目《想被吉木梨纱大骂》，它的每个镜头都特别长，记台词是件很费功夫的事。

可这位姑娘在拍摄前一天，在别的工作已经忙到半夜的情况下，到了我们要拍外景的当天清晨，竟然只用了不到三个小时，顶多是在后台小睡一阵儿的时间，就读熟了剧本，并几乎一字不

———————

① 此处的艺人和才能，皆使用了日语单词"タレント"。源自英语单词talent，除本意"才能、才华"外，在日本也指代演员、歌手、主持人等活跃在电视、广播等媒体行业的艺人们。

差地把台词全背下来了。

人们平时一提到"偶像"，总觉得她们都是些喜欢四处参加酒会，对制片人献媚的轻浮女孩。但现实却完全相反。越出名的人，越克己，这几乎是逃不脱的定律。

再提一段我的黑历史——收视惨败的《速报！明天想做的事排行榜》，做这档节目时我们找了当时已经很出名的有吉弘行来做主持人，他的经纪人提前来跟我打招呼说："因为要读脚本、预想流程，有吉应该会很早就去后台做准备。"

但我当时认为，有吉手上有那么多节目，平时那么忙，就为了东京电视台，还是个深夜的节目，怎么可能那么早来做准备呢。没想到，他在节目组碰头会开始前的几十分钟就已经到后台了。正如他的经纪人所说："他一直如此。"

不管是演员、偶像，还是谐星，这些被称为"艺人"的人们，在比一般人要忙无数倍的情况下，还在拼了命地努力。这就是电视人生。

他们尚且如此，更不要说像我这样属于工薪阶层的创作者了。在我们工薪阶层的世界里，天才几乎是不存在的。至少在东京电视台，一个天才也没有。我跟其他电视台里做出过热门节目的导演聊过很多次，他们要么和我同年，要么比我稍长一些，给我感触最深的就是，越是做出了知名节目的人，越是付出了不同寻常的努力。

在电影界，就连最有资格被称作天才的宫崎骏，在制作每部作品时，都会亲笔手绘上千张分镜，检查10万张以上的画面，有时还要亲自负责修改，以至于每部作品完成之时，他都觉得自己的自主神经功能已经彻底紊乱。这真的是呕心沥血级别的努力，也难怪他每完成一部作品，都要发自真心地发表一次"引退宣言"。

天才宫崎骏尚要做到这种地步，身为凡人的我们，要想做出"有趣的东西"，不努力怎么行呢？

不只在电视行业，我觉得工薪阶层要面对的竞争对手中，也很少会出现天才。

所以啊，再也别认为自己比不过的人都是天才了。

2．会用人的人

如果"魔法般的成功捷径"存在的话，指的应该就是这一点。我们也能把它叫作"委任于人的技术"。

这可并不是件坏事。

如果能把众多"努力又有才能，还不要求什么权利的人才"收入麾下，定能提升团队的整体实力。这听起来或许有点让人不快，但却是获得成功的最重要技巧。因此对于想出人头地的人而言，这个方法很有用。其实，市面上以"委任于人"为主题的自我学习类书籍数不胜数。

然而，寻找制作"前所未见的有趣内容"的方法，和学习"委任于人"这件事，可以说完全是两个方向。

我当然也喜欢钱。可能的话，想赚更多的钱。但我想赚的，是跟我创造出的有趣内容价值对等的那些钱。

对我来说，比起花钱带来的快感，"终于做出有意思的东西啦"的快感更大。

正在读这本书的你，应该也是跟我一样的人吧。虽然喜欢钱，但首先更想做出"有趣的内容"，想快乐地享受工作。

3. 不是创作者，而是创作者的"经纪人"

这里只是想单纯说说管理论。跟企业晋升不同，工作干到一定年头就离开一线，变身管理者，这种情况在我们这行很常见。电影界的话，制片人大概和这个有点像。但是，管理人才的方法，跟"创造有趣内容"的方法，到底是两个话题。

总而言之，"想做出好东西，就要靠努力实现差异化"，这是非常有效的战略。在没有天才的战场上，跟专业经营者和经纪人不同，创作者才是主角。

那么，到底需要多少努力呢？当然竭尽全力是最好的。

不过我觉得，先做到1.5倍的努力就够了。毕竟大多数情况下，我们的身边并没有像宫崎骏一样的人啊。

纵观全日本，那种天才也不过一二人，可忽略不计。

让我们先从以下这两个方向开始行动吧。

· 比公司里相同职位的人，努力1.5倍。

· 比相同行业内的人，努力1.5倍。

首先，在全公司内，为达到能自信地说出"绝对是我更努力"的状态而奋斗。

其次，放眼整个行业，是否能自信地说出"绝对是我更努力"，才是胜负关键。

"等等，这也太有难度了吧！"

有这种想法并打算合上这本书的人，请先停下您手上的动作，听我讲完下面的内容。我这儿有两招迅速掌握"1.5 倍"努力的方法。

（1）只在细分工作的任意一部分中，做到 1.5 倍的努力就好。

（2）只努力做到稍做努力就能达到的量就好。

第一点是说，我们并不需要在所有的工作内容上都达到"绝对是我最努力"的程度。说简单点，跟公司相同职位的人、相同行业的人相比，你不需要在每一项工作内容中都去争第一。首先，只在任意一项工作中努力就行。

以我的工作为例，可以做如下细分。

摄影技术	撰写脚本大纲	撰写剧本	外景
摄影棚录制	创作解说词	后期制作	撰写策划案
嘉宾对话大纲	跟嘉宾沟通工作	做调查	

除此之外，其实还有无数工作内容可列。

而且，单以其中的"外景"为例，大致还能做出以下细分。

旅行节目外景	国外外景
纪录片的外景	
美食节目外景	情景再现外景

这之中的哪一个都可以，你只要先在其中一项工作里达到"全公司、全行业，我最努力"的程度就好。并且，只要你主观判断觉得达到了就可以。

至于到底从哪类工作入手，你可以先照着自己的兴趣来选，或者有意识地去发掘公司里负责人较少的工作，或者选择对自己的理想职业有帮助的内容也可以。

"在这个领域，我不输身边的任何人"，总之先拥有一个能让你有这样自信的工作领域吧。

再拿我自己举个例子。在"脚本"方面，我比任何人写得都多。至今，我写过的脚本足有 2000 页。

这里说的可不是外景"脚本大纲"那样简单的内容，而是我在制作《从空中欣赏日本吧》《乔治·波特曼的平成史》等节目时，包括其中登场人物的台词、解说词在内，那种几乎无所不包的"脚本"。虽然很多内容也能交给放送作家去写，但我始终坚持全部自己完成。

《从空中欣赏日本吧》中，每期会写 40 页左右，《乔治·波特曼的平成史》大约是每周 40 页。

此外，还有《想被吉木梨纱大骂》《"放弃人生的技巧"讲座》这类纪录片风的节目，《文豪的食彩》《爱吃超辣美食的抖 M 男子》《喜欢上讨厌之人的方法》等电视剧的"脚本"，我也都亲自执笔。

结果，有什么好处呢？

那就是节目内容的信息性会变得特别强。同时，"故事"的准确度将大幅提升。

以我负责的《从空中欣赏日本吧》里"多摩川的源头和天空中的村落"那期的内容为例。镜头从入海口回溯到多摩川源头，即将进入多摩川上游地带时，节目里负责给观众带路的卡通形象——飞在空中的云朵"云爷爷"，向另一朵云"云美"搭话了：

"云美啊，过了那家超市再往前走，就没有便利店了。你的充电宝还有电吗？"

我写下了这样的台词。

虽然只是个小细节，但这是只有到当地实际取过材的导演才能写得出来的台词。如果没去实地取过材，解说词大概只会写出"那么，让我们一起向山的深处前进吧"这样的话。这样的话完全无法给观众留下什么印象，也不可能创造出超越节目画面的故事感。

充电宝这个点，正是我把在当地取材时遇到的状况，借"云爷爷"之口表达了出来。

再往前走，就看不到城市设施了，而且返回时也不会轻松。想要走得更远，就必须提前把需要的东西都买好、都带着。我希望观众的脑海中能浮现出一幅具体的画面，让他们清晰、形象地知道，我们即将进入一片"秘境"。

如此信息性强、"故事"准确度高的节目，势必能吸引来大批的忠实观众。

此外，还能给节目带来更大范围的商业收益。这档《从空中欣赏日本吧》就和《想被吉木梨纱大骂》一样，也实现了书籍和DVD的出版。

看看你的周围，"我比他们都更努力一点点呐！"当你拥有了一个这样的领域之后，能再慢慢地一个个去增加，就更好了。

还是以我自己为例，我不只在脚本上付出了更多的努力，在摄像机方面，我用摄像机比任何导演都用得多。

在《在世界那个角落生活的日本人》节目中，每一期的外景VTR 都是 30~50 分钟的长时间影像。而且外景部分没有艺人出场，导演发挥风格的空间非常大。作为节目导演，我前往了所罗门群岛、伊朗、多米尼加共和国、老挝、秘鲁等很多国家，去拍摄采访了居住在那里的各种各样的日本人。

其他的导演基本上都会带着摄像师一同前往，但我时常提醒自己，要拥有能全部独立拍摄的能力才行。在做《从空中欣赏日本吧》等其他节目时，我也时刻谨记这一点。

也许我的技术比不上专业的摄像师，但我想着，至少要成为导演中最讲究画面，注重构图的人。

为了学习摄影技术，我买了大量的写真集，为了能把风景拍得更好，我每周都会把 TBS 的电视节目《THE 世界遗产》和 NHK 的《小小的旅行》录下来，方便更细致地研究学习。

那么我得到了什么结果呢？

我能拍出绝对称得上"意义深远的画面"了。

摄像师们在审美和构图上，表现当然都很出色。但导演想通过每一个画面传达的意图，摄像师不可能全部理解。尽管水平高的摄像师能在很大程度上揣测到导演的意图，但也不可能做到全部都理解到位，而让导演一个个地向每位摄像师解释说明，也很不现实。

在这儿，我将用摄影机拍摄并展现影像的力量，简单地分解为两个部分——"画面美感"和"画面意义"。

通过以下图示，我来向大家具体说明。

假设，摄像师拍摄的影像如图1。一般的导演负责拍摄的话，结果如图2。

图1

摄像师的影像	画面美感	7分
	画面意义	4分
	共计	11分

图2

导演的影像	画面美感	3分
	画面意义	7分
	共计	10分

图3

会用摄影机的导演的影像	画面美感	6分
	画面意义	7分
	共计	13分

果然，在画面美感上，摄像师更胜一筹。但他也做不到全部贴近导演的意图，要说每个镜头想表达的意义，肯定还是导演做得更好。

那么，我的想法自然地就演变成了这样——

"只要导演学会追求美感，画面就会变得更出色。"

一旦思考到这一步，就没理由不挑战一下摄像了。即使技术赶不上专业摄像师，但至少先朝着"6分的画面美感"努力也行。

当导演的摄像技术不断提升，对画面越发讲究，他拍出来的影像就会如图3所示，画面美感和意义两者兼备。

反之同理。如果摄像师去认真学习导演知识的话，拍出的画面也会比从前更好。届时，应该会诞生出史无前例的讲究画面美感的作品。

那样的话，事情会如何变化？那就是：绝不会出现失败的作品。

因为每一个画面都变得更有力量了。这样的力量一个镜头一个镜头地累积起来，一个电视节目中数十个或数百个镜头的品质都会得到提升，整体就会变强几十分。

这样一来，即使采访对象的看点略弱，VTR整体的质量还是会很高，节目就会"很难失败了"。

我可以给大家举一个很容易理解的例子：新海诚的电影作品。

新海诚的电影，故事性不一定是最好的，但画面绝对是毋庸置疑的美，这样的作品就很难失败。有时，故事情节好不好真的已经无所谓，光是盯着他的画面看，就是种幸福。

《秒速5厘米》和《你的名字》的故事我都深受感动，至今还能记得，但《言叶之庭》的情节，就完全没印象了。但是，《言叶之庭》的电影画面真的很美，就算故事性稍有欠缺，也还是好作品。

电视业也是这个道理。虽然我们不可能拍得像新海诚的电影那么美，但只要成为最讲究拍摄技巧的导演，就很难失败了。

说得再具体点，我们能制作出更好地表现事物魅力、更加吸引观众的 VTR 了。

以上，就是先在任意一个细分领域，做到"别人的 1.5 倍努力"所带来的效果。

另外，我虽然让大家先在一个小领域努力，但是对每一天工作都很忙的人来说，挤出努力学新东西的时间应该还是很难。

这里就需要把我上一节介绍的"打破平衡的能力"，运用到"自己的可支配时间"中，即"打破平衡的能力·时间篇"。

想详细了解这部分内容的朋友，请准备开始下一节的阅读吧。

6. "1 年 =15 个月"的能力

一年挤出"730 个小时"的时间管理术

● 本节推荐阅读人群：

· 总是感觉"没时间"的你。

· 无法平衡"工作"和"私生活"的你。

· 想挤出工作之余"充电学习"时间的你。

让我来传授给你最强大的时间管理术吧。

为了实现 1.5 倍的努力，需要用多少时间呢？

咱们来简单计算一下。首先，成年人每天都有一些不得不做的工作，那么一般情况下，为了提升某方面技能，1 天是不是能挤出来 1 小时呢。把"只在大脑中思考"的情况也包含在内，如果 1 天能拿出 1 个小时，就算可以了。

也就是说，假设 1 天能挤出 1 小时 30 分钟的话，就能变成一般情况的 1.5 倍，这就非常好了。

那么到底怎样挤出这另外的 30 分钟呢？

假设我们每天的睡眠时间为 8 小时，醒着的时间为 16 小时，将这 16 小时内要做的事粗略地平均分配一下的话，结果如下图。

工作（当前必做内容）	8 小时
提升工作技能	1 小时
吃饭	2 小时
私人时间	2 小时
必要的家务、个人事务时间	1 小时
通勤时间（门到门的往返时长）	2 小时

想把提升工作技能的 1 小时延长为 1.5 小时的话，稍微调整目前的时间分配，从其他项目挤出 30 分钟，我想不成问题。顺便，这里要跟大家做个重点推荐，将时间图表化后，会更容易调整分配，各位不妨现在就试着把自己的日常时间分配表画在图上看看吧。

我年轻时最先选择调整的是"通勤时间"。

还做助理导演那会儿，我真的是忙到没有时间。放到工作方法已经改革的现在来看，肯定觉得不可思议。我是 4 月份的黄金周之前被分配到电视台制作局的，紧跟着到来的黄金周完全没休息，之后的暑假也全被工作占了，简直叫人绝望。那一年我从 4 月开始工作，到终于能休息时，已经是 11 月下旬了。

其实也不是全台都如此，主要是因为我被分配到的那个节目组工作难度比较高。简而言之，每周我都要做 1 小时节目的 2 倍工作。

一般的 1 小时节目都是隔一周录制 1 天（1 小时 ×2= 一次性录制两期）。但我们的节目有 2 小时，1 天拍不完两期，就必须隔一周录制两天（隔周的周三和周四，每天各录一期）。

于是每两周 1 次，周一、周二和周三，连续 3 天都要为节目录制做准备，每天都要在电视台过夜。

周四录制一结束，周五的早晨我总觉得记忆都丧失了。

而且因为是 2 小时的节目，后期制作也相当花时间。每周五六日，我通常都是在不见光的编辑室里，通宵打杂帮忙。

这个节目之后，我又被分配到了一档 1 小时 30 分时长的节目组，节目叫作《TV 冠军》。当时我都开始怀疑领导是不是跟我有仇，他们大概觉得我"这人肯定扛得住"，所以总是把我分配到长时间的节目上。

不过，这也是我的幸运。因为正是在这种忙碌的状态下，我才萌生了"不想想办法挤出点时间自我提升，这辈子都不可能进步"的真切感受。

于是，我决定先来改变自己的"通勤时间"。从快结束助理导演生涯，到刚当上导演那会儿，我搬到了神谷町地区的中心地带居住，从公司到家只需步行 5 分钟。这样，跟通勤单程就要 1 个小时的人相比，我一天就多了近 2 个小时可以用来提升工作技能。（图 2）

图 1

工作（当前的主要任务、例行工作）	8 小时
提升工作技能	1 小时
吃饭	2 小时
私人时间	2 小时
必要的家务、个人事务时间	1 小时
通勤时间（从家门口到公司门口的往返时长）	2 小时

图 2

工作（当前必做内容）	8 小时
提升工作技能	约 3 小时
吃饭	2 小时
私人时间	2 小时
必要的家务、个人事务时间	1 小时
通勤时间（门到门的往返时长）	10 分钟

刚当上导演那会儿，我的休息时间很少，大部分的休息日都要去外地拍摄，粗略计算下来，我一年里用于提升工作技能的时间有 730 个小时。两年的话，就是 1460 个小时。照 1 天工作 8 小时的时长来看，我多出来整整 6 个月的工作时间，可以用来学习或提升各种各样的工作技能。也就是说，我的一年变成了 15 个月，两年变成了 30 个月。

靠这些时间，不可能不跟原来的自己拉开差距。

在东京 R 不动产的网站上，他们总会以独特的视角来描绘房产的魅力点，我记得就从中看到过"墓地景观"这种词。在城市中，靠近墓地的地方肯定看得到一览无余的"美景"，而且房租会很便宜。因此，东京 R 不动产便会以"花点小钱住进美景"的广告词，正面地介绍此处房产。

同样住在墓地旁边的我，比起"美景"，我更重视从那儿得到的安静、乡野风情和"两年多出 6 个月的时间优势"。

在东京 R 不动产的网站上，那些你从一般视角看来是商品缺点的地方，通过看他们的介绍都能意识到缺点中的隐藏魅力。我觉得光是浏览他们的网站，就是学习使用"热爱消极"这一项的很好的训练。

通过运用第 3、4 节讲的"热爱消极"和"打破平衡"，别说 1.5 倍了，我们能挤出近 3 倍的时间。

当然，如果你已经买了房子，想搬家就有点困难。

但是哪怕只是在坐电车上班的途中，考虑一下应该学点什么，你就已经跟过去的自己永远拉开了差距。或者，你可以搬到电车的始发站或终点站附近，就能在每天的上下班乘车途中获得"坐着读书的时间"。

好好看看你的生活时间分配表，去破坏它此刻的平衡吧。如果在改变的同时，也会产生一些新的不利因素，只要学会享受它的乐趣，你就能切切实实地得到更多创造有趣事物的时间。

以上，悄悄付出 1.5 倍努力提升的技能，总有一天会成为让你在职场脱颖而出的强大武器。

7. 突破极限的能力

以"绝对数量"打动人心

● **本节推荐阅读人群：**

· 想知道让策划案通过的"捷径"的你。

· 想在公司刷新存在感的你。

· 想把自己的工作技能提升到新高度的你。

节目策划案顺利通过对电视人来说，是一种至高的梦想。

日本的电视台一般都会公开征集电视节目的策划案，不只是本台的职员，众多节目制作公司、放送作家、自由节目导演，都可以参与。

一次公开征集能收到几百个策划案，但是能真正节目化的不过几个。粗略计算，被选上的概率大约是百分之一。在东京电视台，一般一年会有两次公开征集，机会非常有限。

所以啊，一生只有一次也好，电视人都梦想着能制作"自己策划出来的节目"。我在自己的策划案第一次被采用之前，也始终抱着这个念想。

即使是现在，策划案被通过的美妙滋味也一如从前。

因为只要策划案变成真正的节目，就会有上百万人能观看到自己觉得有趣的内容。

现在想想，那些策划几乎都是我的个人趣味，做得相当随心所欲。其中好多在制作时，都要为了收视率而苦战。不过能有近20个"新节目"立项，身为一个电视人，真是万分荣幸。

你或许会问，为什么在近百分之一的概率下，我还能通过这么多策划案呢？原因很简单：我写了大量的策划案，基数庞大。

写策划案，是一项相当费力的工作。首先要绞尽脑汁地想各种创意，常常觉得这个不行，那个也不行。想好了策划方向，再充实具体内容，直到写成饱含现实性的"大纲"，一般就要用掉4~5页 A4 纸。多的时候甚至要写几十页。

在想策划案时，不能局限于规定的投稿数量。只要还能挤出新创意，能想几个是几个。

节目策划案的投稿数，一般是每人 1~3 个。投得多的人，也不会超过 5~7 个。如果能投出 5~7 个策划案，负责挑选方案的编导就会留意到你，"啊，这个人投了好多啊！"然后，某一个策划案通过的机会就可能会降临。

在 2018 年的春季策划案征集中，我交到台里的方案总共是以下这些。

- 《穿越时空！体育转播》
- 《这里好厉害！日本的皇室》
- 《不想看到的现实，要看看吗？》
- 《闪耀吧！内部告发大赛》
- 《请转播死后生活吧》
- 《九成捐赠！用制作节目的钱让世界变美好》
- 《在世界的 196 个国家买房》
- 《不为人知的正义》
- 《会说到哪个地步？》
- 《笑福亭鹤瓶 66 岁的初体验》
- 《我家的孩子突然消失了！》
- 《空中新发现！那里为什么有房子》
- 《实录！为什么这样做？》
- 《兜风不会听的歌》
- 《抖 M 日本》
- 《女子赌钱之旅》
- 《告白变卖商店》
- 《遗憾杰尼斯》
- 《？？？？？》
- 《高学历的落伍者》
- 《演艺圈"事务所对抗"接力长跑》
- 《闪耀吧！"只有这些人参加"的全国歌谣祭》
- 《哪里辛苦，请告诉我》

·《乔治·波特曼的平成史 2018》

·《给老年人的 youtuber 讲座》

·《请花光这些钱（不过，花钱的全过程要被跟拍）》

·《"放弃人生的技术"讲座》

总之，我一次提交了 27 个策划案。

但是，只是投出 27 个策划案是不行的，必须做到 27 个策划案，个个都是精品。

一次交出 27 个策划案，对看方案的人来说，都算个挑战。既然你的方案多到要惹人厌了，如果它们不是个个精彩到不相上下，还不算你觉得"有趣"的自信之作的话，那就只是在给别人添麻烦。

在保证质量的前提下，"绝对的数量"，单单是这点就能让你脱颖而出。

不过，还有最重要的一点，为了写出大量的策划案就削减睡眠时间，连夜赶稿，把自己搞得精神憔悴是万万行不通的。就算你这样临阵磨枪，也长久不了，身体马上就会被搞垮。

所以到这时候，我在上一节讲过的"打破时间分配平衡的技巧"又变得重要起来。此外，每次总抓着同一个主题去突破极限也不行。别让你一年比别人多出来的那 3 个月白费，踏踏实实地花点时间，先把"可以挑战极限的主题"一个个列出来吧。

8. 独立完成全部工作的能力

放弃分工，差异自现

● **本节推荐阅读人群：**

· 想提升公关、销售行业内容"信息性"的你。

· 想在策划案、创作内容中融入"自己的世界观"的你。

· 想知道做怎样的"减法"，能带来怎样的效果的你。

目前为止，我给大家讲了"比别人努力1.5倍""挤出时间""突破极限"等技巧。

"那个，是为了什么要做这些努力来着……"

也许你看得有点迷茫，别担心，我并没有忘记本书的目的：教大家如何创作出"1秒就抓住受众眼球，1秒也不会让人厌倦的有趣内容"。

为此，你必须将自己的工作技能在"更加深入"和"更加广泛"这两个维度上做提升。

我想在本节传授给大家的是，独立完成全部工作的方法，即第一点提到的"广泛"。

以电视节目制作为例，其最重要的四项技术活是"脚本剧本""摄像""解说""导演"。

在这四部分工作上，分别付出 1.5 倍努力，提升所有技能。之后将其整合，以求实现自己完成全部工作的目标。

"这也太累了吧。"

说实话，我也讨厌累人的工作，也希望凡事尽量轻松。

以下，我会根据解决"反分工"和"想轻松"这两者矛盾的方案，来给大家出主意，请安心地继续往下读。

如今，包括电视业在内的众多行业，都向着"分工更细"的方向推进专门化、分工化，对此我有深有体会。

敢于逆这一趋势而行的思维，就是我所说的"独立完成全部工作的能力"。

如果大家都乘上分工化的浪潮，抵达的目的地只会是相同的海岸。

但是逆流而上的话，你将抵达大海另一头的其他岛屿。

自然，与潮流逆行是个力气活。因此，"1.5 倍的努力"必不可少，而努力的结果是，你将领略到"分工化"这一近代化过程中，难能可贵的电视节目制作的原始魅力。

这种魅力即"强大的信息性"，而其不可或缺的两部分，正是我在"1.5 倍的能力"一节中讲过的"故事的准确度"和"每个镜头画面的力量"。

总而言之，你不断去追求工作技能上的"广度"，必将造就出创作内容上的"深度"。

那么具体要怎么做，以及最终能带来什么具体的好处呢？

以我身处的电视台电视节目制作工作为例，假设要将前面提

及的"脚本剧本""摄像""解说""导演"四项工作全部独立
负责。

摄像和导演,其实本该是一体的。因为完整的导演意图总会
在拍摄过程中随时发生变化。

面对拍摄中瞬间发生的状况,导演将想要的拍摄效果传达给
摄像师时,势必会有几秒的"延时"。而就在这几秒的短暂时间
里,当摄像师终于调整好镜头,导演原本想拍摄的"奇迹"很可
能就瞬间消失了。

因此,除了"已经决定好拍摄内容"的电视剧和音乐节目,
那些在拍摄过程中,随时可能出现有趣意外的影像内容,都应该
确保导演意图和摄像工作保持完全一致。

这样才能让拍摄对象的魅力得到最大限度的呈现。这也是我
们追求工作技能之"广度"的目的。

理解了这一点,并"想制作出真正有趣的节目"的导演,应
该会自然而然地产生如下想法。

我得充分熟悉光圈、焦点和快门速度等摄像机的功能,也要
彻底学习摇镜头、推镜头、对焦点等实际拍摄技巧。还有拍全景、
给特写,以及取景框中该框入什么、不该框入什么的"构图",
这些知识都要全面彻底地掌握。

这就是所谓的技能的"深度"。

当你深入钻研摄像技术(技能的深度),充分发挥"1.5 倍
的努力"和"1 年 =15 个月的能力",并把它们也用在"撰写脚本"
和"解说"能力的提升上,就能达到"独立完成全部工作"的目标。

我在整个导演时代，一直是以此为目标制作 VTR。

在做《从空中欣赏日本吧》的 2 小时特别节目时，也只有我一个导演。

通常情况下，2 小时的特别节目都需要 5~7 人的导演团队。但那时我独自完成了导演、摄像、脚本剧本，及后期制作的全部工作。

正因如此，我想在 2 小时的节目中表达的主题才得以完美呈现。

在做《在世界那个角落生活的日本人》的节目导演时，我也是将独立工作贯彻到底，一个人包揽了摄像、导演、脚本大纲、解说的所有内容。

前往秘鲁的世界最大贫民窟采访时，即使被兴奋剂中毒者的枪口盯上，我也是单枪匹马只带着一台摄像机潜入拍摄。

去伊朗首都德黑兰采访时，我们不过是在大街上拍拍街景，却总是被不知从哪儿冒出来、监视我们的警察给带回警察局，不过当时，我手里的摄像机始终没停。在警察局，摄像机的镜头盖虽然盖上了，但因为录像键没有关，最后这段毫无理由被警察问话的全黑画面和声音，被我成功收录并在节目中播出。

这种可遇不可求的极限采访状况，是绝不可能拜托其他摄像师去拍到的。

那可是秘鲁最凶险的贫民窟，拍摄过程中随时要确认有无危险。"就算被枪击，你的摄像机也一刻都不能停！"我实在没法对摄像师提出如此狂热的要求。被枪子儿瞄上的瞬间，只能靠自己在 0.1 秒的刹那之间完成"摄像机不能停！"的判断和行动吧。只有这样，贫民窟的真实状态才能被完整记录。

我只是为了客观记录坚持住在那个国家的日本人的"生活状态"和"理由"，才不畏艰险地去拍摄并实现播出。

这些拍摄经验也让我深刻认识到，不管是秘鲁还是伊朗，人们都有各自的问题和任务。

即使是住在贫民窟的年轻人们，也怀揣着梦想，伊朗的警察，其实也多是好人。而且事实上，伊朗也有治安良好，适宜居住的一面。

不去肯定或否定，将那个国家好的地方如实呈现，对于限制、不自由和危险的地方也不去隐藏，才能传达出完整的真实感。

让我们再回到前面的问题吧。

在影像内容的制作上发挥"独立完成全部工作的能力"，其最大的好处就是，能表现出绝对的真实感。

如果缺乏真实感，内容的魅力会瞬间减半。

只有毋庸置疑的真实感，才是离"前所未见的有趣内容"更进一步的捷径。

同时，真实感，常常在瞬间发生。因为在下一个瞬间，意识到自己流露出真实一面的人物（无论是当事人还是他人），会立即进行调整。

即使不是在秘鲁或伊朗的某些极端环境，像《可以跟你回家吗？》那样，对我们半径 10 米以内普通人的采访也是如此。

我们的摄像机一进入采访对象的家，他们会一边往壁橱里藏着什么，一边跟我们聊其他话题。妻子在做某事的时候，旁边的丈夫总会露出心神不定的慌张表情，这些真实感满满的画面，通常只会在瞬间发生。

因此在《可以跟你回家吗？》中，我们坚持实行"导演摄像制"，践行"摄像＝导演的一体论"思想和"追求彻底真实感"的观点。

那么具体要选择使用哪部分真实感，或者说，要如何选择呢？

那正是导演工作的意义所在。

所以说，"分工化"对追求"绝对真实感"的导演工作而言，有着巨大的制约。

在近代化进程中得以发展的分工化，是为了实现高效率工作，避开学习技能变多所带来的压力而出现的，分工化并非只有优点，不过是人们为了更轻松地工作，舍弃其他优点的一种折中选项而已。

而那些被舍弃的优点，正是我前边提到过的与"分工化"逆流而行，"全部工作独立完成"才能触碰到的制造的原始魅力。

再者，因为没有人想去独立完成所有工作，所以只要你敢于真正实践，就一定能获得创造明确内容差异化的力量。

但是说实话，我也不喜欢累人的工作。

这时候就有必要寻找一个能解决"反分工"和"想轻松"之间矛盾的对策了。此处我们要再次用到"打破平衡的能力"。

也就是说，虽然分工化能轻松实现"量"的增长，我们只要在反分工上，尽量实现"技能的深度"和"广度"的双重提升就好。毕竟，最终能否创造出"内容上的深度"，才是工作价值的重点所在。

最后，"独立完成全部工作"这一点，并不需要大家一直做下去。否则身体又会被累垮。

在理解了哪些工作技能能带来哪些相乘效果之后，根据具体的策划案和项目需要，去练就必要的技能就足矣。

9.认真对待例行工作的能力

细节之处，神明降临

● **本节推荐阅读人群：**

· 想靠"一份资料"制造绝对差距的你。
· 想理解自己的"工作本质"的你。
· 想弄明白"痛苦的工作"的意义的你。

在上一节，我讲了如何用"1.5 倍努力"创造工作技能的"广度"（摄像技术部分，也涉及一点"深度"的话题）。

在本节，关于工作技能的"深度"，我将做进一步深入讲解。

最初的我想着尽量把"到凌晨4点为止"作为结束一天工作的时间节点，位于朝日电视台旁的六本木茑屋书店又恰好是4点关店，于是我常常在书店里的星巴克办公。

书店的一层还摆放着我之前出版过的关于"高效""轻松"做工作的书，但是这一节要给大家介绍的方法论，跟这两个话题完全相反。

不过也正因为还没人谈过这个话题，实践之后，很容易帮你跟其他人拉开差距。

在我们平时的工作中，一定有一些"例行工作"。

比如公关岗位，既需要制作给客户看的策划案，也需要撰写用于媒体宣传的新闻稿。

做销售呢，既要记得拜访老客户，也需要为了没能达成的业务新指标，给上司写情况说明。

还有那些不知不觉就消耗掉时间的预算表的制作。

像上述这样的例行公事，在我们的日常工作中占了最多时间，全是些"为了公司不得不做的事"，它们对于提升我们的工作技能似乎毫无关系，不起眼又无趣。因此，通常也是工作效率最差的部分，甚至常常害我们陷入"要怎样才能不做这些工作呢"的思考中。

但是，为了达到制作出"有趣内容"的目的，我很严肃地建议各位，请一丝不苟地对待你的例行工作。

因为在我的工作中，认真对待例行工作帮助我看到了"从前看不到的各种各样的新风景"，同时它也跟本书主题——"1秒抓住人心""1 秒也不让人厌倦"的技巧，有着直接的关联。

至于这一技巧的真面目，我将在本书后续内容中，带大家切身体验它的妙处。

先来继续本节话题，我把例行工作当作一种技能让大家深入了解掌握，是因为它有两大好处。

（1）对现有工作绝对有帮助。

（2）竞争对手少，容易取胜。

第一点，"能在上班时间内做例行工作"，就是最大的好处。

让我们再来看一看在"1 年 =15 个月"那一节中用过的时间分配图。

工作（当前的主要任务、例行工作）	8 小时
提升工作技能	1 小时
吃饭	2 小时
私人时间	2 小时
必要的家务、个人事务时间	1 小时
通勤时间（门到门的往返时长）	2 小时

做例行工作所需要的时间，可以全部出自表中占比最多的"8小时"。

而且，所谓例行工作，正是我们的本职工作内容，比起"提升工作技能"，做好它带给我们日常工作的好处会更多。也就是说，好好做绝对没坏处。

在电视节目制作中，"后期剪辑"就是我们的例行工作。

出外景和跟艺人沟通等导演工作，看起来光鲜有面子，还总能去没去过的地方，又常常占主导位置，做起来确实很愉快。但是，到了把拍摄素材放入有限的"播放时长"中的后期剪辑工作时，你需要花费几十个小时，一直坐在椅子上跟电脑屏幕相对，单是体力上就非常痛苦。

这是毫无光鲜可言的，孤独的、不起眼的、不停地挑选外景摄影素材的工作，甚至有人会因为排斥后期工作而放弃导演之路。

而且，不只是影像和字幕，声音也是后期剪辑必备的一部分，所以你可千万别想"边听着喜欢的音乐，边提升工作干劲"。你只能戴着耳机，盯着每一帧画面，经历一段只能跟摄影素材面对面的不得不全神贯注的时间。

我也常常会觉得后期剪辑很痛苦。几乎每周的周五、周六、周日，除去2~3小时的小睡时间，我都是尽量一气儿完成全部的后期工作。最少也要40小时的连续作业，害我总是犯困，要吃大量的Clorets黑咖啡口香糖，于是周末总是会搞坏肚子。换成木糖醇口香糖后，又因为咀嚼过度变成了过敏体质，现在我只要一吃木糖醇口香糖，就会长奇怪的小疙瘩。

需要我拼到这种程度完成的后期剪辑工作，又有三大必经阶段。

① 在众多画面中，决定最终要用哪几百个镜头来组成节目。

② 决定这几百个镜头"以怎样的顺序排列"。

③ 为排列好的数百个镜头，一个一个地决定时长。

第三点是最难的。

电视节目的1秒钟，是由被称作"帧"的30张静止画面构成的。

因此，每个镜头都要以 1/30 秒为单位，无比挑剔地去调整长度。这着实是项费劲的工作，是标准的不得不做的例行工作。

《可以跟你回家吗？》刚开始的时候，为了后期剪辑到底要怎么做，我还烦恼了相当一段时间。作为这个节目的导演，我对每周的播放内容都负有责任。但想确保每周都有 40 个小时以上的时间来做后期，真的相当困难。

不过我还是决定一试。很大一个原因是我觉得后期剪辑中的第一、二部分，也正是"故事创作"的本质内容。

另一个理由是我很好奇花费史无前例的长时间，去做这项不起眼的工作，坚持几年下来，会不会有什么不同？我对这一猜想的答案十分感兴趣。

就像是爬山，我是要走一条不知道终点通向哪里，而且不能走得太急，大多数人也不想去走的路。

即使是现在，我也仍在这条路的途中。但是已有两点亲身感受，让我开始庆幸当初选择了这条路。

① 神明只会在细节之处降临。

② 穿越例行工作的茫茫森林，将看到"绝美风景"。

"神明只在细节降临"这句话，在制造领域内经常被提及，据说近代建筑巨匠密斯·凡德罗 ① 非常喜欢并使用过这句话。这是西方美术很久之前就存在的古典思想，迪士尼乐园的建造和苹

---

① 德国建筑师，20 世纪最著名的现代主义建筑大师之一。与勒·柯布西耶、弗兰克·劳埃德·赖特并称为近代建筑的三大巨匠。

果公司的产品，都是以追求极致的细节而广为人知的。

即使不跟这些名作相比，只要你亲自制作过电视节目，就会一次又一次地体会到，什么是"神明只在细节降临"。

在拍摄对象做了"自己感觉挺有趣"的发言之后，是给这个镜头留 2.5 秒，还是 3 秒呢，这不起眼的 0.5 秒的去留，就将决定能否引观众发笑。而当拍摄对象"第一次吐露心声"之后，沉默的画面要持续 3 秒，还是 3.5 秒呢，这毫厘之差给观众们带去的感动，可有着天壤之别。

在 2/30 秒的"眼睛的轻微眨动"中隐藏的深意。

哪怕是 1/30 秒也想延长再延长一点的沉默"间歇"。

"搞笑之神"和"感动之神"，就存在于这些微乎其微的 1/30 秒之中。如此持续不断地追求极致细节，最终也会给电视节目整体的品质和评价带来影响。

这就是工作中"技能的深度"所带来的"内容的深度"。有时它还会影响到对内容感兴趣的受众范围，即跟"内容的广度"也有关联。

后期剪辑这活儿，我觉得跟锻刀工匠的磨刀工序很像。工匠们每天都要叮当叮当地捶着铁，之后又要在磨刀石上吱吱地不停研磨着刀，这每一下动作之中有何讲究，我完全不懂。但那些打造出"名刀"的工匠，他们的一捶一磨之中，都包含着非同一般的技巧和思想，那是在数年乃至数十年的工作中，将只有自己参得透的微妙差别反复试验、修正之后，才得以掌握的高超制刀技术。

最开始我也会半信半疑，只是坚持把每个周末都无私地献给后期剪辑，但不知不觉中，我就感觉忽然开了窍，看到了很多从前看不到的东西。

简而言之，就是我发现了后期剪辑的本质正是"故事创作"，以及"何谓故事"。

这种感受就是前述的，穿越例行工作的茫茫森林，将看到的"绝美风景"。

具体来说，包括以下内容。

· 罗列事实，毫无意义。

· 对采访素材（事实）意义的诠释，就是故事本身。

· 没有故事的后期剪辑，毫无意义。

· 想让他人的心灵有所触动，故事必不可少。

· 在赋予画面意义的过程中，导演要充分理解采访对象的心情。

· 不过，也不可能完全理解受访者的心情。

· 即使不能完全理解，也不能放弃。

· 采访对象的独白中，存在"无意识"的真情流露。

· 所谓语言，不应该单从文字层面被理解，其意义会随着说话者的表情、所处情境，甚至受教育经历、文化背景，以及和谁在一起等无数条件的变化而变化。

· 语言，不总是表达相同的含义，其具体含义只能取决于听者的各自理解。

· 经导演对素材理解之后剪辑完成的电视节目，也常常会被观众诠释出不同的意思。

·采访拍摄和后期剪辑之间的时间滞后，只不过是技术上的问题，"采访拍摄"="第一次剪辑"才是最理想的状态。

·也就是说，如果不能时刻带着"剪辑"意识进行拍摄的话，就无法捕捉到采访对象的魅力。

·完全客观的拍摄是不存在的。

·当导演与采访者沟通之后，采访者的思考方式和工作方法应该随之变化。

·因此，创作者对于自己可能给采访对象带去的影响，不能视而不见，而是要带着这种自觉去推进工作。

·必要情况下，采访中要时刻意识到自己"身为创作者的影响力"。并在此基础上进行后期剪辑。

·思考自己身为创作者所持的偏见是什么。

·能看清以上这点，也是发现了一条距离真相更近的路。

以上内容，全是我坐在窗外是冬日美景的六本木茑屋书店里，自顾自聚精会神地盯着后期剪辑软件，才慢慢明白的事。

像以上这些大家可能认为理所当然的认知，我还能写出很多。

但是，作为知识而被认为"理所当然"的东西，在实际体验后，才会有更清晰、通透的理解。

什么是"故事创作"？

能吸引来更多人观看的"故事创作"的技巧是什么呢？

能深入人心的"故事创作"又要如何实现？

这都是我们希望获得的核心能力。

以及，为了拥有这种能力，要如何努力呢？

在这一过程中，你还会收获不可思议的感觉，也将切身体验到以下这些可能你迄今为止尚未理解的古典理论。

· 索绪尔的"符号学"。

· 罗兰·巴特的"结构主义"。

· 黑格尔和马克斯·韦伯谈论的"客观性"。

· 哈贝马斯的"交往行为理论"。

· 弗洛伊德的"无意识"。

这些大学时代被强制要求阅读到吐的各种与"表现"相关的概念，我在实际工作后，都经历了茅塞顿开的理解瞬间。专业的研究者们不需要经过我那样长期重复的工作，也能轻松理解这些高深概念，但对我等工薪阶层而言可没那么容易。

不过，这些都是我每个周末坚持去六本木的茑屋书店，为了删减"1/30 秒"的后期剪辑工作而努力到凌晨 4 点闭店才有的收获。

那么什么是"故事创作"？能吸引来更多人观看的"故事创作"的技巧是什么呢？能深入人心的"故事创作"要如何实现？

这些都要通过实践本节的"认真对待例行工作"，你才能有所领悟。

为此，我先贡献给大家三个我绞尽脑汁思考出来的武器。它们的关键词分别是"RESONA 银行""那美克星的大长老"和"被知多半岛环抱"。

具体的内容还请继续往下看。

第二章 为了挖掘出内容的魅力，"故事"为什么必不可少？

——挖掘"隐藏魅力"，让人产生兴趣的技巧

10. "心的可视化"能力

从"可见之物"中挖掘出"隐藏魅力"

● **本节推荐阅读人群：**

· 想充分解读消费者尚未语言化的"需求"的你。

· 身居公关、销售岗位，"想让对方理解自己想法"的你。

· 想掌握策划及故事创作之基本——"观察力"的你。

听起来理所当然，但以下三点在"创作故事"中，非常重要。

① 人心无法被看见。

② 采访者和受众之间，存在信息量上的差距。

③ 受众在一开始时没有主动去了解的意愿。

能否意识到这三个重点，将极大程度地影响"故事"的品质。

第二点中的采访者，在影视作品行业中指导演，放到其他行业中，就是指挖掘产品魅力的策划、要向客户传达产品魅力的销售人员等所有要将产品、服务的魅力进行故事化并传播出去的人。受众，指观众，在其他行业里，B2B 领域即指客户，B2C 领域则指全体消费者。

娱乐业和商业中的活动，都是以"被人看到"这一目的为前提展开的，不管是什么行业，其目的都是一样的。

现在，想象这样的一个场景吧。

当然，我更推荐你去亲自试一下。

你正坐在咖啡馆。不远处的位子上有位陌生客人对着笔记本，请试着不会被他发现，悄悄地注视他3分钟。

即使你看不到他的电脑屏幕上是什么，你会发现他一会儿相当烦恼，一会儿又转忧为笑。有时他一直保持一副非常认真的表情，却也会忽然深吸一口气，"呼"地一下，用力全吐出去。

当你想描绘一个关于人的故事时，像这样专注于对方的表情变化，就是个屡试不爽的方法。

为什么，他的表情那么认真？

为什么，他又叹了口气？

为什么，他会再笑起来？

为什么，他会生气？

这些表情变化都是有理由可循的，但是知道全部理由的只有"那个人的大脑"，我们从外边是看不到的，而它们绝不是毫无意义的表情。

行动的时间	服装	说出口的话	
恋爱观	吃什么饭	职业	年龄

这每一项中，都可能藏着重大意义。

假设，现在有一位正在用餐的人，我们再仔细观察观察他：

·深夜1点钟。

·穿一身熨烫平整的条纹西装。

·"唉"地叹了口气。

·对面是看起来至少是年长他 10 岁的人，根据对话判断那应该是他的妻子。

·他正在吃猪排饭套餐。

·他的胸前别着 RESONA 银行的徽章，目测 30 岁出头。

比如你看到的大致是这样的画面。他的行动、服装等我们看得到的信息，都是基于大脑某些作用的外在表现。其中的每一个细节，都可以成为故事的重要启发。

虽然每一个外在表现的原因，我们不得而知，但先培养出这种强烈的观察细节的意识，再按照以下三步进行深入思考，是非常有意义的。

① 从五感角度全面地认识他人，能够注意到所有外在细节。这是我们的第一步。将这些内容作为"影像"拍摄下来，就是第一层次的"可视化"。

② "为什么"会有那些表现呢，将这些疑问用语言表达出来。这就是第二步。在我们的工作中，多表现为采访环节，也就是将影像"语言化"。

③ 第三步，将②中"语言化"之后的内容进行"视觉化"升级，力求让所有观众都能在脑海中想象出画面。

在这一步中，可以选择直接增加一些照片素材，或用更为具体形象的语言去提升"语言化"的准确度，达到"近似可视化"的效果。这也是第二个层次的"可视化"。在工作中，我常常会提醒新来的导演，"要做出能让观众想象出'画面'的内容"。

以上三点就是创作故事时，最重要也最基本的流程。特别是从第①点的"注意"到第②点的问出"为什么"，这之间的过程非常关键，即建立"假设"，去想象"为什么会有那样的外在表现？"的过程。

下面就来实际试试吧。

· 深夜 1 点钟。

· 穿一身熨烫平整的条纹西装。

· "唉"地叹了口气。

· 对面是看起来至少是年长他 10 岁的人，根据对话判断那应该是他的妻子。

· 他正在吃猪排饭套餐。

· 他的胸前别着 RESONA 银行的徽章，目测 30 岁出头。

那么，他到底是个怎样的人呢？先来看看我的假设吧。

① 首先，他正在末班车停运后的深夜 1 点吃饭。大概是个工作很忙的人。

② 虽然忙，他的西装却熨烫得非常平整，看来他应该是有妻子的。

③ 他是个银行职员，却穿着条纹西装。大概是对自己的工作不乏自信。不过那条纹图案并不算花哨，可见他的认同需求不算特别强烈，还抱有着一些在意企业眼光的理性意识。

④ 他在叹息。可能是工作上不太顺，或是家里出了问题。

⑤ 他跟比自己年长 10 岁左右的妻子在一起，大概是个缺乏

母爱的人。也许他是在父子单亲家庭中长大的，从小缺乏母亲的
关爱。

⑥ 深夜在快餐店吃猪排饭套餐。看来他的零花钱不充裕，
不过也可能是因为工作忙到太晚，错过了其他饭馆的开店时间。
而且，会在深夜选择猪排饭加荞麦面这种全是碳水化合物的组合，
他应该积攒了不少压力。

⑦ 他 30 岁出头，胸前别着 RESONA 银行的徽章。那么他
开始工作应该是在 2005 年到 2010 年那段时间内，那时正好是
"雷曼事件"过后的经济萧条时期，但是他还能找到银行的工作，
看来自大学时代起就是个认真踏实的人。不过 RESONA 银行在
众多都市银行 ① 中算不上大企业，他在日常工作中，应该积攒了
不少不如意的情绪。不过，或许他正为了摆脱这种逆境在拼命努
力工作。不过回过头来看，这么晚在快餐店，跟一位大自己 10
岁左右，散发着母性光辉的女性一起，大量摄取着碳水化合物，
可能是因为他在工作上，又陷入了新的困境。

以上，都是我的假设。以此为基础，我们来开始思考外在表
现的原因。

如果能实际采访这位男性的话，我想会有跟我猜测相近的内
容，也会有些并没那么戏剧性的内容。不过，很多情况下，真实
的故事会彻底推翻我的想象。因此在采访普通人的过程中，常会

---

① 指在东京、大阪等大城市设立总行，在众多地区开展业务的日
本的银行。

遇到意料之外、超出你想象的有趣故事。

能让观众们体验到这种"意料之外"，也正是节目的魅力所在。

但以上这部分工作只是让大家去观察五感可感知的外在信息。以这些外在信息为突破口，去挖掘出藏在深层次的"心"，才是故事创作的开始。

另外，关于第二点的"为什么"和第三点的"视觉化"，是非常重要的技巧，我会在稍后详述。

其实大家在日常生活中的所有场景中，都可以做这种观察假设训练。

再举个例子，假设你正在电脑前工作，来找你的上司会有从你面前直接过来搭话，和从背后靠近，边窥屏边搭话这两种可能。

这些行动中，都是有"动机"的。前者的动机，或许是怕对方以为自己在窥屏。后者，他在找你说话的同时，可能在想"让我看看这小子是不是在偷懒"。

而当他看过你的电脑屏幕之后，还可能有两种行动：就你正在看的东西说点什么，或者马上移开视线，假装并没有窥看过。这些行为中，都隐藏着动机。

"站立的位置""视线的移动"这两个外在表现中，都潜藏着我们无法直接看到的"心"的线索。而打破这些外在表现，继续向内观察，就是故事创作的起点。

不过，这里有一点希望大家别理解错，你不需要把所有的观察结果全都放进最终的故事中。这些外在观察，只不过是挖掘出内在故事的一个起点，我们不需要对每个细节都深挖到底。

彻底培养出"心的可视化"意识之后，拍摄工作才能开始。
不过在这个基础上，还有更重要的一点，就是本节开头提到的第
二点：采访者和受众之间，存在信息量上的差距。让我们看下
一节。

11. 调查自我的能力

阻碍传播的"壁垒"就在自己心中

● 本节推荐阅读人群：

· 不会将自己有趣的地方传达给别人的你。

· 在提案、销售话术上遭遇失败的你。

· 找工作以来，还没做过"自我分析"的你。

对采访者而言最重要的是"对采访者自己进行采访"。

我的这句话绝非言过其实。

"不对吧，采访者面对的应该是采访对象吧！"

是的，你说的没错，要面对采访对象是理所当然的事。但"采

访者自己"对"采访者自己的采访"，也相当重要。

现在，请回想一下我关于"深夜在快餐店吃猪排饭的银行职员"的分析。

考虑到大家要往前翻找有点麻烦，我还是再来复述一遍吧。

不过，你不读也没关系。

只需要逐条大致浏览下就好。

① 首先，他正在末班车停运后的深夜 1 点吃饭。大概是个工作很忙的人。

② 虽然忙，他的西装却熨烫得非常平整，看来他应该是有妻子的。

③ 他是个银行职员，却穿着条纹西装。大概是对自己的工作不乏自信。不过那条纹图案并不算花哨，可见他的认同需求不算特别强烈，还抱有着一些在意企业眼光的理性意识。

④ 他在叹息。可能是工作上不太顺，或是家里出了问题。

⑤ 他跟比自己年长 10 岁左右的妻子在一起，大概是个缺乏母爱的人。也许他是在父子单亲家庭中长大的，从小缺乏母亲的关爱。

⑥ 深夜在快餐店吃猪排饭套餐。看来他的零花钱不充裕，不过也可能是因为工作忙到太晚，错过了其他饭馆的开店时间。而且，会在深夜选择猪排饭加荞麦面这种全是碳水化合物的组合，他应该积攒了不少压力。

⑦ 他 30 岁出头，胸前别着 RESONA 银行的徽章。那么他开始工作应该是在 2005 年到 2010 年那段时间内，那时正好是

"雷曼事件"过后的经济萧条时期,但是他还能找到银行的工作,看来自大学时代起就是个认真踏实的人。不过 RESONA 银行在众多都市银行中算不上大企业,他在日常工作中,应该积攒了不少不如意的情绪。或许他正为了摆脱这种逆境在拼命努力工作。回过头来看,这么晚在快餐店,跟一位大自己 10 岁左右,散发着母性光辉的女性一起,大量摄取着碳水化合物,可能是因为他在工作上,又陷入了新的困境。

感觉怎么样?

这些就是我所说的要采访自己的理由,不知你是否明白。

这段文字全是我在"如果我看到了这样的人"的设定下写出的假设内容,稍微留意一下每条内容的文字量,你会发现最后一条⑦篇幅看起来格外多,这意味着什么呢?

这种篇幅上的偏重,表现的正是采访者自身的"思想和兴趣的偏重"。

我工作的东京电视台成立 55 年以来,始终是东京五大电视台中的最后一位。RESONA 银行也是,在都市银行中,RESONA 银行的店铺数是最少的。我们的处境相似,工作上经历的辛劳大概也差不多,所以不知不觉就产生了亲近感,想写、能写出的东西也就最多。

篇幅第二多的是第六条,大概是因为他让我想到了自己在 30 多岁那会儿发胖的经历。而且我对这一外在表现的假设是,"他可能积攒了不少压力",这也是基于我的个人经验。

篇幅最少的反而是第一条,"在末班车停运后的时间段用餐"。

这要放在一般情况下来看，其实是挺特殊的，但是对于在电视台工作，经常在末班车停运后才能回家的我来说，早对这种特殊性麻木了。

只要大致看一下每条内容所占的篇幅，就会发现身为采访者的自己，对被采访者外在表现的诠释，很大程度上都会受到自己无意识的影响。

如果我们对自身的认识不够清晰的话，就不可能把事物真正的"魅力点"准确地传达给他人。

这也正是在后期剪辑中要做的工作，决定哪些镜头要重点强调，哪些镜头要剪掉，字幕和解说又要怎么添加等等。

在文字类的传媒中，文章的篇幅和结构，也均会受到创作者自身的影响。还有在提案资料、公关新闻稿、销售话术等方面经历的失败，也都和"对自身的了解不足"有关。

对影视行业里的年轻导演而言，这种"对自己的采访"，要比前一节讲的"心的可视化"难得多。正因为要了解的对象变成了自己，很多无意识的感情变化不可避免。

"我为什么要那么想呢？"如果你还没养成这种自问自答式的强烈意识，就很容易陷入"自认为很明白的陷阱"。所以真正的重点是，要带着对采访对象的观察力和洞察力，先来深入了解自己。

如今市面上热销的"导演论""采访论"相关书籍，谈的都是关于"采访对象"的方法论，鲜少会有人传授采访自己的方法论。

我进东京电视台第 8 年那会儿制作了电视节目《乔治·波特

曼的平成史》，它的一个忠实观众正是筑摩书房的编辑，他在给我的信中问道："要试着写本书吗？"之后，我就出版了《电视导演的导演术》。

在那本书里，我把当时能想到的所有关于"挖掘事物魅力的方法"都写进去了，其中关于"采访对象"的洞察内容占了多数。不过在当时我对自己的导演能力相当自信，书一经出版也受到了不少好评。

不过，那已经是 5 年前的事了。

这期间我做出了《可以跟你回家吗？》，每周都要为了节目努力挖掘"大街上偶遇的老百姓们"的魅力，然后又泡在后期剪辑的工作里，为了无数个 1/30 秒呕心沥血，如今我明白——要想创作有魅力的故事，不只是对采访对象，对"我自己"的"采访"也非常重要。

无论是觉得真的很好吃的自家公司新推出的冰淇淋，还是真心想让所有人都来使用的自己公司做的手机软件，当你从并不算完美的自家公司产品中发掘出"一点魅力"，要为它增加故事性时，很重要的一点是先去深入地洞察你自己。在你身上，潜藏着无数个你还没意识到的，会让你产生偏见的要素。

当你觉得自己公司做出来的手机软件堪称"杰作"，想把能展现其魅力的"故事"全放进新闻稿和提案资料的时候。如果你没有先弄清楚自己为什么觉得这个产品好，就不可能向你的用户准确传达它的魅力。因为，你跟你的用户，毕竟不是同一个人。

关于那些会让你产生偏见的要素，我先举出以下例子。

我就在开发出这款产品的公司，能看到那些创造者的脸。

我曾经在策划部待过。

我清楚这一行墨守的限制和规则。

我了解这一行的历史、最先进的技术及流行趋势。

我年收入是这么个程度。

我已婚，育有一子。

我出生在东京的江东区。

我大学读的是文科。

我高考时还算努力。

我毕业于早稻田大学，不是庆应大学。

我平时爱看的是纪录片，不是综艺节目。

最好理解的应该是第一条吧。之所以觉得自己公司的产品好，很大一部分原因是，我们每天都能看到创造出这些产品的人。他们的努力或失败，那些直到产品上市为止的所有故事，我们都了解。

但是，消费者对此一无所知。

但是！以下重点要来了，请各位集中注意力。

尽管"我觉得很有魅力"的东西，是我自己这个有特殊性的个体感受到的，但并不是说，你就不能去传达这种魅力。

"只保持原样还无法传达""为了传达给别人，需要费些功夫"，我要表达的是这个意思。

其实，不管是谁，都不可能毫不费力地迅速建立起一种众人皆知的魅力。同时，不通过采访者，很难从充满既视感的日常生活中发现新的魅力。

因此，正因为是自己这个有特殊性的个体感受到的魅力，其中才更可能潜藏着前所未见的趣味。如果你想把它传达给更多人，就需要下些功夫。因为受众从一开始，并没有去主动了解你的意愿。想被更多人看到，有这种想法的只有我们。想被夸"有意思"（视频创作者的工作动力多是如此）、想把产品卖出去、想改变社会，这都是身处创作者位置的人们才有的想法。

要付出努力、多下功夫的，都应该是这些有想表现、想传达之物的"创作者们"。无论在娱乐事业还是商业活动中，要为内容是否有趣承担责任的，也都应该是创作者们。

12. 超具体化的力量

"固有名词"和"数字"能唤起感情

● 本节推荐阅读人群：

· 想为"认知度低的新产品"做宣传的你。

· 想提升提案说服力的你。

· 想知道固有名词和数字"恰当用法"的你。

"总而言之，唯有细节，能让我们畅谈采访对象的魅力"。

每当想要描绘出一个充满魅力的故事时，我总是如此感慨。无论是身处故事创作的开始阶段——"观察"时，还是已经进入故事创作结束后的"传播"阶段时。

还记得我前面讲的深夜里的"快餐店的白领"吗？

现在让我们按照细节的具体程度，再把它分为以下几个阶段吧。

① 夜晚，正在吃猪排饭的男人。

② 深夜里，正坐在快餐店吃着猪排饭的男人。

③ 深夜 1 点钟，正坐在快餐店吃着猪排饭的男人。

④ 深夜 1 点钟，正坐在新桥的快餐店吃着猪排饭的男人。

⑤ 深夜 1 点钟，正坐在新桥的富士快餐店，吃着猪排饭的白领男人。

⑥ 深夜 1 点钟，正和妻子一起，坐在新桥的富士快餐店，吃着猪排饭的白领男人。

⑦ 深夜 1 点钟，正和比自己大 10 岁的妻子一起，坐在新桥的富士快餐店，吃着猪排饭的白领男人。

⑧ 深夜 1 点钟，正和比自己大 10 岁的妻子一起，坐在新桥的富士快餐店吃着猪排饭，在 RESONA 银行工作的白领男人。

⑨ 深夜 1 点钟，正和比自己大 10 岁的妻子一起，坐在新桥的富士快餐店吃着猪排饭，在 RESONA 银行工作的 30 岁出头的白领男人。

对比下上面的第一条和第九条，感觉如何？你在脑海中想象出的画面不一样吧？只是一点点增加了形容词，画面形象就越来越鲜明了吧。而且，越是接近第九条，你想象出的场景就越是清晰，对这个人的兴趣也越来越大了吧？

观众在观看故事时，总会怀着或感动或大笑或厌恶的某种感情，并且常常把这些感受：

①与自己过去的某种体验做比较。

②或是回忆起过去曾让自己感动的故事，并将两者相比较。

③又或者，想象着"如果我是故事主人公的话"。

如此，观众的感情时刻都在发生着变化。

第一点的示例可以是这样，"我上次深夜 1 点在富士快餐店吃饭，应该是祖母病危那会儿吧……"（要发生什么的预感）

第二点的话，"和大自己十几岁的女人在一起，为什么呢……"（事情即将到来的预感）

最后一点，"这男的在 RESONA 银行工作啊，不知道每月工资有多少呢……"（对别人的隐私产生兴趣）

这样一来，一旦你使用了"具体化"这把武器，观众就会对故事表露出各种各样的兴趣。

如果只是"夜晚，正在吃猪排饭的男人"这样信息量太少的描述，往往会让观众感到迷惑，不知道该带着什么情绪去继续看这个故事。因此在传播（后期剪辑）阶段，我们首先要对"具体信息"加以取舍，将必不可少的内容充实进故事之中。

在虚构故事创作中，最终环节的"内容剪辑"和最初环节的"剧本"，内容可以保持一致。但在没有剧本的非虚构场合，这可完全行不通。因为在最初的“拍摄”阶段，大多数情况下我们完全不知道哪儿有好故事。正因如此，在拍摄过程中，不遗余力地追求细节上的“超具体化”，至关重要。

特别是以各行各业做出一定成绩的出色人物为主角的纪录型节目，比如《情热大陆》《行家本色》，还有专门为了表现AKB48可爱魅力的纪录片《DOCUMENTARY of AKB48》，跟这些作品不同，像《可以跟你回家吗？》这样，乍一看不知道魅力点在哪儿，好像没什么看头的节目，要想描绘出市井百姓、寻常街道的魅力，不使上“具体化”这把利器，就绝对不可能拍出好的故事。

这一招，在宣传推广还没有任何名气的产品时，同样奏效。

在《行家本色》里，带上“拯救2000人性命的外科医生”这种标题，观众们自然会对其工作产生兴趣。而为偶像拍摄的纪录片，只要以“可爱”或者“帅气”为中心展开故事即可，但是当我们要拍摄“一般的市井老百姓”，可就没那么简单了。

因为观众们会：

①与自己过去的某种体验做比较。

②或是回忆起过去曾让自己感动的故事，并将两者相比较。

③又或者，想象着“如果我是故事主人公的话”。

为了调动起观众们的以上某种情绪，产生“这节目应该不错”“好像挺有意思”的观感，我们必须在故事中加入具体化的要素。因为对观众而言，此刻屏幕中的这些人，全是不知名的路人甲。直到开始收看节目的1秒钟之前，他们还是跟自己的人生毫无关联的陌生人。

除了市场预期值非常高的新产品，和人气产品的后续新品，所有的普通产品在面市之初也会面临这种状况。

不过，其实影视作品有很讨巧的一点，即使不去拍摄那些市井百姓，去展现已经很有魅力的"艺人"的魅力之处，也能完成工作。

但是在其他行业，虽然不乏有魅力的人或物，但绝大多数情况是目标对象的魅力无法一目了然。也正是因为这样，才更需要内容创作者施展自己的才华。我就非常沉迷于描绘那些大家还未发现的魅力，并让发掘好故事的本事变成自己的秘密武器，享受它带给我的乐趣。

那么，所谓的"具体化"，到底应该怎么操作呢？关键词有以下两个。

"固有名词"和"数字"。

当你学会在"固有名词"和"数字"上多下功夫，"具体性"自然会随之增加。

比起"快餐店"，"富士快餐店"更容易给人带来具体的印象。

比起"富士快餐店"，"新桥的富士快餐店"的形象又更清晰了吧。

比起"白领"，"银行职员"创造的形象则更具体。

比起"银行职员"，"RESONA银行的30岁职员"给人的感觉更直观。

但是，如果你使用了大家都不熟悉的固有名词，观众们能否通过这些名词想象到你要传达的形象，即"目的"能否达成，我觉得还有待商榷。

比如，"大垣共立银行"这词，用来代表"地方银行"的形象就很合适。但如果想表达"岐阜的银行"的意思，恐怕又要对观众的年龄层做要求，估计只有年龄大一点的人才能理解。

"第四银行"这词，用来传达"地方银行"的形象也很适合。但若要表达"新潟的银行"的意思，我想只有新潟县民和金融界人士能理解得了。

在故事创作的开始阶段"采访 = 挖掘魅力时"，和最后阶段的"后期剪辑 = 传播魅力时"，如果能将追求准确恰当的"固有名词"和"数字"贯彻到底，对于创造充满魅力的故事事半功倍。

第三章　向更多的人传播故事魅力的技巧

—— 让"没兴趣"变成"喜欢"的 4 项研究

13. 消除"这是什么？"的能力
让"难懂"消失的方法

● **本节推荐阅读人群：**

· 想让自己创作的内容或宣传打动"更多人"的你。
· 想让他人了解自己公司的产品、服务"在技术上的过人之处"的你。
· 想在和上司或部下的对话、聚餐中活跃气氛的你。

我们在讲述故事时，千万要注意不能出现观看者不理解的"词语"或"状况"。为了避免这种情况，对"观看者"和"自己"都进行彻底分析就显得非常有必要。

如果是行业杂志、学术杂志或公司内刊这类，观看者掌握了一定共有的知识，就可以适当忽略这一点，但当你的目标受众范围越广，就越是要多加注意这一点。

少年漫画《龙珠》对我们这一代 30 多快 40 岁的人来说，是相当知名的作品，我想只要提一句，很多人的脑海里马上就会浮现那美克星的大长老帮克林把潜在能力提升到最大值的那个场景。

但是，对女性读者，或比我年长、比我年轻的读者来说，很可能都要先问声"这是什么意思？"

如果这种"什么"的疑问不止一个，而是连着出现好多次，观看者的心理就会变成"什么呀，看也看不懂，真讨厌"。

比如我在前边讲到的纪录片《遁入寂静》，恐怕大多数人都没看过吧。所以在书中提到大家不熟悉的纪录型节目时，我都会尽量添加简单易懂的说明。因为电视剧的播放时段基本都是固定的，恐怕不是所有人都看过。

但是，关于"富士快餐店"我没有多做说明，关于综艺节目也很少有详细介绍。因为只要是来过首都的人，多数都会知道这家快餐店，认知度相对较高。

还有一些认知度不高，但是像带着《DOCUMENTARY of AKB48》这样标题的作品，光是看标题就不必多做说明，大家自然会知道这是关于"AKB48 的团体综艺纪录片"。

就像我举的这些例子，大家在故事创作中的每个瞬间，都要时刻去推测观众的心情变化，注意是否会出现让人看不懂的内容。

当然，不管我们考虑得多么细致，也不能保证所有人都会对最终呈现出的节目内容不存疑义。但即便如此，我们还是要尽量做出能满足各类观众认知水准的节目内容，同时也要注意，说明部分的内容会不会多到使人厌烦。而在不断比较斟酌这两种"心情的变化"之中，内容的魅力才会得到逐步升级。

大家平时在看电视时，完全不需要注意到这种事。可越是让人意识不到这种努力、越是观感自然流畅的节目，越能展现出视频创作者的专业度。优秀的创作者，就应该为每一个场面都找到最佳的表现方式，达到看似其貌不扬，实则相当有料的理想程度。

　　话说回来，观众们不是为了学习点什么，而是为了娱乐才来观看节目的。这个大前提，大家可千万别忘记。但单是娱乐也不行，"娱乐的同时，最后还学到了知识""娱乐之后，感情也经历了些变化"。如果能达到这种效果，节目会变得更具魅力。

　　所有的网络内容、文字内容也适用此理。就比如这本书吧，我想多数读者都是带着能"学习"到点什么的意识才开始阅读的，即便如此，我也带着"尽量别出现让人搞不懂的表现"的强烈意识，尽我所能地让故事内容简单易懂。让更多的人，能把注意力集中到故事本来的魅力上。

　　常常听到人们说："最近的电视节目，水准可有点低。"

　　乍一听，我觉得大家会这么想也理所应当。特别是 19 点到 21 点的电视时段，因为它的目标观众是儿童和中学生。

　　除此之外的电视时间，比如跟儿童观众没关系的深夜时段，节目内容的表现水准就会有所提升，不过从高达 90 岁的老年人到十几岁的中学生，广义上说，也都算这一时段的目标观众。

　　但是，请允许我申明，这真的只限于乍一听时的感受。

　　综艺节目常会收到不能帮助观众培育"思考能力"的批判声音，但我想说的是，这只是"流于表面的看法"，事实并非如此。

　　我们还拥有能让所有观众看得懂，且能保证节目水准的内容创作技巧，它是先基于内容的"深度"而非"广度"产生的话题，去吸引忠实观众，再去开拓更高一层次的受众（也就是"广度"）的重要技巧。如今，我们已经把它运用到实际工作中了，接下来，我会为大家详细介绍。

14. 消灭麻烦的能力

帮你扩宽受众的"极致舒适感"

● 本节推荐阅读人群：

· 准备开拓固定受众之外的"全新消费人群"的你。

· 身处视频、新闻报道、网站等行业，内容不能被"看到最后"的你。

· 提案过程中，看到上司在刷手机的你。

向"观看者"传播内容时，最大的敌人就是"麻烦"。

我呢，如果不等到老婆发脾气，就会一直任家里乱糟糟，工作要是一忙起来，连衣服都懒得换，甚至会被老婆吐槽"衣服上还有中华料理店的味儿"，而且说实话，特别忙的时候，就连起床我都觉得麻烦，宁肯不睡觉连轴转。

即使大家没到我这么夸张的程度，不可否认，人类最讨厌的就是麻烦事儿。

电视里，除了地震速报和天气预报以外的多数"内容"，从人类生存层面来看，基本上都不是"绝对必需品"。

而且大家每一天都忙于工作、家务或照顾孩子，多数状态都是觉得"时间再多也不够用"。所以当观众产生"麻烦"的念头的瞬间，如果他在看电视，他就会马上切换频道；如果他在看书，就会马上放弃手里的这本；而如果他在看网络新闻，他就会停止看下去。

媒体以外的其他行业也是如此。"第一眼"感觉麻烦的话，就算是新产品介绍、新闻报道也会选择无视。策划案也一样，如果作为听众的上司"看一眼 PPT"就觉得麻烦，他会马上拿起手机去刷娱乐新闻。

在有限的生命和一天只有 24 小时的制约之下，大多数人都带着"好忙"的认知在生活。麻烦的事儿只会永远被拖延缓办。

所以对创作故事的人来说，要时刻带着"啊，会不会让人觉得麻烦呢？"的想法。那么，到底什么是"故事中的麻烦"呢，它是指"为了理解故事中不重要的细节，观看者需要消耗脑细胞去思考的情况。"

比如，我之前讲的"富士快餐店的银行职员"的地方。

比如现在，如果我请大家回想一下我关于"深夜在富士快餐店的银行职员"的分析。

读者心里肯定会想"等等，我回去看看啊"。如果我是读者，就会觉得"还要往前翻，好麻烦啊"。

所以如果我要引述前面所讲的内容，最好的办法是直接将前文所述再次引用一遍。虽然看起来有些啰唆，但这时候，读者应该会忽然感觉省事儿了。

我们面对的"大众"，包含了多种属性。包括"对产品的态度是积极，还是消极"的属性。不把"态度消极的人群"纳入其中，就算不上是"大众媒体"。

而在其他行业，能吸引多少"积极"人群以外的"消极人群"，也是扩大市场规模、"提升销量"的本质所在。

时刻保持自己是在向"消极人群"传播信息的强烈自觉性，时刻对"感觉麻烦"的"心情变化"进行推测追踪，这是创作"前所未有的有趣"故事时，不可欠缺的两个要点。

而在"不让人感到麻烦的技巧"中，除了"时刻推测观众的心情变化"，还有其他手法可用。比如以下给大家介绍的四"不"手法，这很重要：

① 不需要计算。

② 不使人混乱。

③ 不需要画辅助线。

④ 不需要费劲回忆。

下面我来逐个讲解吧。

① 不需要计算

这里指"年龄""租金"等数字信息在故事中承担重要角色的情况。我之前讲过，写出具体数字很重要，但如果列出具体数字的同时，还需要观众加以计算，他们就会觉得"好麻烦"。

以下就举个具体例子来帮助大家理解。

"我在很年轻的时候就生了女儿，当时为了平衡工作和家庭，我受了不少苦，如今女儿长大，我也准备开始享受自己的第二青春了。"

假设现在要制作这样情节的 VTR。但是，在 VTR 中只出现以下旁白的话，效果会如何呢？

"我现在 43 岁。"

"去年女儿满 20 岁了，感觉照顾孩子的生活终于结束。"

"是时候再享受一次青春啦。"

这里观众需要做个减法才能知道，女主角是"43-20-1"=22 岁时怀的孩子，推论结果是可能主人公在大学毕业，就是刚开始工作时怀了孕。

我之前讲过，尤其是在"影像内容"中，观众是没法控制观看时间的，稍加计算的工夫，画面就会一个个向前继续播放。

偶尔一次无妨，如果需要观众计算的情况接连不断出现，他们就会觉得这种思考很麻烦。更重要的是，就在产生疑惑并进行计算的间歇，马上要播出的更重要的"再享受一次青春"的片段，很可能就会被漏看。

因此，尽量避免让观众做不必要的计算，这是不让人感到麻烦的基本操作。

② 不使人混乱

所谓混乱，是指在故事情节的设定上，给观众留下了可以推测出其他可能性的余地。这种使人混乱的可能性，必须要排除。

继续以我刚才写过的内容为例，"可能是大学毕业，就是刚开始工作时怀了孕。"如果我没有补充这一句，大家只看 VTR 中提供的信息，就会搞不懂她到底是高中毕业就工作了，还是大学毕业后才工作的。

如果是高中毕业就开始养孩子，确实非常不容易，但是大学毕业刚进企业工作一年就马上停职，似乎更能表现出她处境的不易。

此外，"词语的运用"也很重要。基本原则是，在表达相同意思时，要使用相同词语。

比如在这本书中，我将收看故事的一方统一称为"观看者"，尽量不去使用譬如"收信者"等其他词语。

否则，读者脑海中肯定会出现"咦，这两个词的意思不同吗？"的困惑。

这种状况若是反复出现，"好麻烦"的念头就又要降临了。因此，只要没有改变用词的必要，就尽量保持统一，这样故事才会更好理解。

③ 不需要画辅助线

"画辅助线"是指，在故事中没有讲明，需要依赖"观看者自己的知识储备"去想象因果关系的状态，这种状态里，观看者只有自己去主动理解，才能充分明白故事的情况，否则观众就会对故事半知半解。

和第二点"不使人混乱"中大学毕业的例子不同，只要具备"前提知识"，就能画出辅助线。

因此，创作者很容易陷入依赖观看者自身的知识储备的陷阱之中，不知不觉就会自以为"这么简单的知识点，谁都知道吧"。

比如以下三个例子。

· "孩子小的时候一直住在东京，每年我都会开车带他去爱知县西浦半岛的海边玩，我们有不少美好的回忆。但是，在孩子成长的过程中，我们之间的争吵也始终未断……"

· "2011 年，我离开了岩手县的山田町。就在那一年，故乡遭遇了……"

· "1970 年，我中学毕业，离开故乡栗原市，前往东京工作。此后就一直居住在东京的足立区。当时我邂逅了一位也说着乡音的女性，我们两人不久就结了婚。因为出生、成长的城市正好相邻，我们便经常聊起关于故乡的话题，妻子每年在盂兰盆节亲手制作的枝豆馅麻薯，我也特别爱吃。我们夫妻两人相互扶持，努力工作，如今两个儿子也长大成人。年轻那会儿因为忙工作，很少有时间休息，在上野公园啤酒店里的约会最令人难忘。虽然偶尔也会回趟老家，但总是没有时间久留。我们俩曾畅想过，等孩子们长大了就回故乡长住，好好游历一番记忆中的山水，然而说归说，始终没能真正动身，就在一天又一天的忙东忙西之间，如今妻子竟已离我而去。"

故事一，这完全是"不画辅助线"就搞不懂的程度。

为了解释清楚这个故事情节，首先一条必要的辅助线是关于西浦半岛的知识。西浦半岛是由爱知县的知多半岛和渥美半岛，以双手围拢似的形状围绕出的三河湾中的一座小小半岛。在三河湾入口处，又有被志摩半岛单手环抱住的伊势湾，因此三浦半岛所处的地理位置，已经是远离太平洋的海湾深处了。

可本该是伸入大海的半岛，360 度却都被其他小岛的陆地包围，这是一种非常少见的地形。正是受这一地理位置的影响，西浦的海滩意外的没什么海浪。

靠着这条"辅助线"，我们就能在脑海中描绘出这样的形象：非常疼爱孩子，可以为了孩子去决定旅行目的地的父亲。

这点明白了，那他们吵架又是为什么呢？看来我们还需要一条"辅助线"。

西浦半岛这地方，从东京驱车需要花费 4~5 个小时之久。一般住在东京的人们想去海水浴的话，都会首选千叶县、神奈川县这些车程只要 1~2 个小时的地方。但是西浦半岛有一个独家优势，紧邻海水浴场的地方开设了很多面向家庭旅客、适合亲子留宿的酒店。如果孩子在海边玩累了，马上就能回房间休息。

由此可见，这位父亲是个很疼爱孩子，做决策时总是以孩子为优先的优秀丈夫，不过这也透露出他的另一面：为了达成理想，不惧牺牲的性格。

"4~5 个小时"的车程，对于带孩子出游而言，其实略显辛苦。或许正因为这样，在孩子的成长过程中，父子间的争吵始终未断。

解释得有点多，但情况就是这样。可见，如果大家不自行"画辅助线"的话，真的很难理解这个故事。而且，如果"辅助线"的难度太高，也是个大问题，因为观众可能原本就不具备这些知识，那就完全谈不上自己"画辅助线"理解故事了。

继续来看故事二吧，这个应该好理解得多。

这里的"遭遇"，就是指 3 月 11 日的东日本大地震。这种程度的"辅助线"，有个一两条，观众也是能接受的。但要注意，即使是简单的"辅助线"，一下出现太多，也会给观众造成压力，"好麻烦"的念头很快就会出现。

下面来说故事三。这个故事需要的"辅助线"首先是与"集团就职"相关的知识。"1970 年""东北部""东京足立区"，这些全是说到"集团就职"时会提及的词语。

20 世纪 70 年代，众多来自东北部等农村地区的初高中毕业生，会以学校为单位，一起前往东京工作。因为当时的东京足立区遍布工厂和商店，那个人才稀缺时代，被称作"黄金人才"的年轻人们，大多便聚集到了此地。

有了"集团就职"这条辅助线，我们就能对故事做出以下理解：虽然年幼时就离乡，但不是为了去实现梦想，而是因为受经济所困，难以升学，或不能继承家业等理由，不得不去东京。

如果再结合上关于故乡特产枝豆馅麻薯的回忆，还有经常去上野公园约会的往事，就能从这个故事中琢磨出新的可能性：对于年幼时就远离的故乡，至今仍满怀眷恋。

上野，是当时跟随集团就职来到东京的年轻人们最先落脚的地区，对他们来说这里充满了特别的回忆。而且那时候，通往东北部的特急列车的始发站也设在这里。在这些年轻人眼中，上野就是离家乡最近，甚至能隐约感受到家乡气息的"通往北部的大门"。

以上就是画出"集团就职"这条"辅助线"后，才能欣赏到的更加意味深长的故事。

其实，还有难度更高的一条辅助线"栗原"，听我介绍后，大家对故事应该会有更深的理解。

位于日本东北部的栗原市，除农业之外，还拥有盛产铅、锌等有色金属的细仓矿山、岩仓煤矿等丰富的矿产资源。然而受1972 年日元升值的影响，细仓矿山的国际竞争力大幅下降，岩仓煤矿则受到石油能源使用量增加的影响，1970 年以后便日渐关闭。

与此同时，当地城镇发展衰退，即使回到故乡，也找不到什么工作机会，因此，人们想从东京回到故乡工作生活，变得非常困难。即便是打算退休后再回乡，2007 年，受经济衰退的持续影响，"栗原田园铁道"也迎来了废线的结局。虽然那时还有发自仙台，终点停靠在细仓站的直达列车，但是在年长者眼中，回故乡已然变成了一件难事。

所以，期待中的退休后回乡旅行，变得遥不可及。

关于故事三，如果没有"集团就职相关的知识"和"栗原市相关的知识"这两条"辅助线"的话，故事虽然也立得住，但在观众品味到的意义深度上，就与有"辅助线"的理解有云泥之差。

也就是说，如果观众想认认真真地欣赏这个故事，就必须花些工夫，自己来完成这些"辅助线"。

那么"尽量不需要观众画辅助线"，就成了不让观众产生"麻烦"念头的重要一环。不过也存在"只让能看懂的人看得懂就好"

的手法，关于这一点我会在之后的章节，再做详细讲解。

④ 不需要费劲回忆

故事的一大重要技巧是，介绍要具有冲击力。

当故事讲述的是"无人知晓的有趣内容"时尤其如此。因为在这种情况下，观众们对主人公或采访对象完全不熟悉。

以我制作过的《减重日本》为例，在这档节目中，我们会把国外的胖子们带到日本，以减重为目标，让他们过两个月只吃和食的生活。

通常，我们从同一个国家邀请来的出演者会有好几人，本身他们就是日本人不熟悉的外国面孔，再加上这些身材肥胖的朋友们，外形上多少有些相似，想要认清每一个人，着实要费些时间。

再加上这是个长时间贴身拍摄，主人公有好几位，"咦？那个逃走偷偷去吃拉面的是谁来着？"像这样的脸盲困惑便时常出现。

于是，靠起"小土豆""油炸比萨暴食女"这种提炼了主人公的冲击性行动或最爱的食物的外号，大家立马就记住了他们，并把每个人的不同之处也清晰地记进了大脑。

在错综复杂的故事中，如果看到每个人物都要花时间回想"这人是谁来着？"会给观众带去很大的负担。

以上几点就是不让观众感觉"麻烦"的宝贵技巧。

15. 注视 360 度的能力

特意排除"反对意见"

● 本节推荐阅读人群：

- 想练就"不会被消费者讨厌的战略"的你。
- 因更换工作、人事调动、重归公关岗位的你。
- 想迅速"出人头地"的你。

我想，应该不会有人故意去创作令人不快的内容吧。不过这里有一个非常容易忽视的陷阱，大家千万要小心。

以视觉形象来比喻的话，它就像上一节讲的站在西浦半岛山顶，360 度俯瞰到的风景。无论哪一个角度，看到的都是陆地。在目之所及的每一个地方，都居住着各种各样的人，正经历着各种各样的人生。

就以处理"离婚"题材为例吧。

"因为妻子外遇，我离婚了。"

如果此时有人轻描淡写地说出这句话，若是情况属实，那么无可非议。但是，如果此处加入来自导演的"她可真过分呐"的帮腔，会有什么变化呢？

让我们开始"站在西浦半岛"，环视 360 度吧。

其中，在知多半岛上，可能有一个这样的声音。

对这个女人而言，导演的这一句话或许是非常伤人的。

在"渥美半岛"上，可能又有这样的声音。

"别以偏概全啊，我也是因为出轨离婚的，那是因为丈夫完全不管孩子啊。发了工资总是不往家里交，也不做家务，经常好几天都不回家，还在婚内出轨。那时候在我身边怜惜我、帮助我的只有现在我身边的这个人，虽然我后来也出轨了，但是丈夫却找了信用调查所跟踪我，单以我的出轨行为定罪，从我这儿要走了一大笔赔偿金。导致离婚后，我和孩子只能保持最低水准的生活。"

环视 360 度，先去思考各种各样的可能性吧。不过想 100% 完美地网罗一切可能性，在"表现"上是不可能实现的。但是请先尽可能地以不遗漏任何一种可能性为目标，遇到需要判断是否妥协的情况，有意识地去注意以下两点内容。

① 传达事实。

② 确保平衡。

第一点是指，避免进行价值判断。放到刚才离婚的案例里，就是导演应该避免帮腔，不肯定也不否定。不过在创作故事时，不可能在所有环节上都避开价值判断，这时候，第二点就该登场了。

在西浦半岛的案例中，我在最后这样写道："插个话题，乘坐东京到丰桥的新干线，2 小时左右就可以抵达西浦半岛，有兴趣的朋友不妨去那儿玩一玩。还有温泉可以泡哦。"

不只写出"驾车需要 4~5 个小时"的事实，为了让这个故事更具深意，我又添上了"4~5 个小时的车程，对于带孩子出游而言，其实略显辛苦"一句，相当于做出了负面的价值判断。

但是，对于超越这一负面价值的魅力点——"尽享紧邻大海的温泉"以及"选择新干线就能缩短行程耗时"的正面描写，又恰到好处地和负面内容达成了平衡。

如此，不管是正面，还是负面信息，都要客观准确地加以描述。如果遇到必须进行价值判断的情况，这个方法定会助你一臂之力。

目前为止，关于"传播隐藏魅力"的四个注意事项，我已经介绍了前三点。

① 观众会不会越看越搞不懂？

② 观众会不会觉得厌烦？

③ 观众会不会感到不快？

④ 观众会不会渐渐失去兴趣？

是时候讲第四点内容了，事实上，第四点尤为重要。请看下一章。

第四章 让观众 1 秒都不愿离开，时刻保持兴趣的 12 种技巧

—— "开头" "持续" "最后" "连续性"

16. 一切都是"设定力"

开头篇【1 秒抓住眼球】①瞬间吸引观众的 4 种设定

● 本节推荐阅读人群：

· 想创作出让人"第一眼就想继续看下去"的网站、新闻、视频的你。

· 感觉自己创作的内容"无聊"的你。

· 想解密"专业导演"之所以专业的你。

关于描绘"一无所知之物的魅力"的最基本技巧，我之前已经一一讲解。不过请允许我问个终极问题——人们真的想看那些原本自己一无所知的东西吗？

就比如，《可以跟你回家吗？》里的"市井百姓"。

有可能是想看。

因为通过之前各种节目的外景拍摄经验，"无论是谁，心里都藏着一两个故事在继续生活"，我对此深有感触。

但是，如果观众认为"并不是很想看"，那也很正常。

所以我们第一步需要的，就是找到让观众感觉"想看"的"设定"。

只要你能抓住这个重点，第一阶段的任务就算达成了。是否有这一个设定，内容的有趣程度会有很明显的差别。

我为《可以跟你回家吗？》准备的"想看"设定，是"末班车停运后仍然走在街上的人们"。

接着再来看以下两点。

· 探访别人家的电视节目。

· 探访错过末班车的别人家的电视节目。

如果两个节目的主角都是市井百姓，选择切入的瞬间不同，观众在刚开始看节目时产生的兴趣也就完全不同。

除了"哪个瞬间"，用"哪种手段"也是完善设定的一种有效方法。比如我曾讲过的，这档节目中的一条规则——"即兴"。

· 探访错过末班车的别人家的电视节目。

· 现在，马上去探访错过末班车的别人家的电视节目。

是不是感觉紧迫感忽然增加了。即使同样是市井百姓，根据选择拍摄的"瞬间"和"手段"的不同，观众的兴趣会陡然大增。

这就是我想首先教给大家的，在描绘"一无所知之物的魅力"时的一大重要武器。使用了这项技巧，观众即使不会马上被节目主角吸引，也会对设定制造的"状况"产生兴趣。

在虚构故事的创作中，这种"设定"其实已经非常普遍。

比如电视剧《逃避虽可耻但有用》，相差 11 岁的没工作单身女和不喜欢与人相处的白领男，以雇员和雇主的身份开始了契约结婚的同居生活。但是男人渐渐对女人的温柔和细心动心，单身 36 年以来头一次萌生了恋爱的情愫，两人过起了形似真正夫妻的生活。

生活在有时空差世界的少男少女，有一天忽然交换了身体，这一切又跟巨大的彗星有关的《你的名字》。

在军事政权统治下的日本，42 个中学生被送往行动范围受限的无人岛，并被强制要求自相残杀，直到剩下最后一个存活者为止的惊悚电影《大逃杀》。

连载漫画、动画、小说改编的电影，以上都是近年来各个内容领域诞生的大热作品，其中的"不经意卖萌""科幻""恐怖"元素，在故事中都不算单纯的日常，这种"走向非日常的设定"对故事的成功起了相当重要的作用。

《可以跟你回家吗？》里的"末班车停运后"也属于这种非日常设定。不过，这些元素都不是现在才刚刚出现。

比如，在谷崎润一郎于大正十三年创作的长篇小说《痴人之爱》中，咖啡店的女服务生和讨厌被女人约束的白领职员开始了"朋友式的"同居生活。然而，男人渐渐被这位恶魔女孩吸引，独身 28 年以来，竟然第一次萌生了爱意。

还有平安时代的《真假鸳鸯谱》，像女孩般的腼腆男孩，和像男孩般性格爽朗的女孩，被父亲调换了性别后，慢慢长大甚至各自成婚，然而最终等待他们的却是一场大灾难。

以及斯蒂芬·金[1]的处女作《死亡漫步》，讲述的是在陷入军事政权统治的美国，被军队包围的 100 个 12 到 18 岁的少年，被强制要求一直步行直到剩下最后一个人，而途中掉队的孩子们

---

[1] 电影《肖申克的救赎》《绿里奇迹》《伴我同行》的小说原著作者。

都会被逐个杀掉的惊悚故事。

　　古今中外的作家们，借助非日常化的"设定"，创作出了许许多多有趣的好故事。严格来说，这些设定都可以被称作"情境设定"。在虚构作品中，除了"情境设定"，还需要各种各样的设定才能构建出完整的作品。

　　比如《半泽直树》中总是对作恶的上司双倍奉还的主人公，还有《水户黄门》里，身为副将军却喜欢随心所欲地游历各地，凭借自己的权势为他人主持正义、惩治恶官的主人公。这些作品的"情境"设定虽然比较现实化，但"人物设定"都很突出抢眼。

　　再比如，描绘了一位喜欢四处流浪，又总是爱上比自己年轻很多的姑娘，最后都以失恋告终的中年浪子的喜剧影片《寅次郎的故事》；讲述在城市中寻爱的四位女性，彼此分享各自爱情际遇的美剧《欲望都市》。这两部作品在"行动模式的设定"上都有着相似的特征，即恋情开始进展顺利，看似充满希望，但最终结局总是无法圆满。

　　以上讲到的"情境设定""人物设定""行动模式设定"，还有《可以跟你回家吗？》中使用即兴手法的"拍摄手段设定"，如果能将这几种设定灵活运用，巧妙组合，势必能创作出激发读者和观众兴趣的魅力四射的作品。

　　然而，日本的写实纪录片，却极少使用这些"设定"进行拍摄。

　　我想，这是因为日本各个电视台的纪录片制作者，绝大部分都是新闻报道出身。与之相对，我所在的"制作局"，就鲜少有人制作纪录片风格的节目。但正是在这种状况下，把"设定"这一手法运用到纪录片中去，才会有意想不到的收获。

不只是纪录片节目，只要是以"人们一无所知事物的魅力"为主题、纪实性比较强的综艺或网络新闻、公关策划案，"设定"都可以成为帮我们扩展感兴趣受众的强大武器。

不过，在非虚构创作中，以上提到的"设定"方法并非都能自由使用，这也是与虚构作品的不同之处。特别像《可以跟你回家吗？》这种以即兴性和偶然性作为两大支柱的节目，能使用的"设定"只有"情境设定"和"拍摄手段设定"。

《可以跟你回家吗？》在制作之初，虽然已经确定了"深夜错过末班车的人们"的设定，但之后我们还追加了"祭典之后""在公共澡堂刚洗完澡的人们""白天就在居酒屋喝酒的人们"这些"情境设定"。

这些设定的共通点，都是选取了游走于日常与非日常生活之间的"绝妙间歇"。每一个都是瞄准了"人们的心灵摆脱束缚的瞬间"。

在参加"祭典"时，人们会大量分泌肾上腺素，感受到与平常不同的高涨情绪。"刚洗完澡"则正相反，副交感神经发挥作用，人们感到非常放松，是日常生活中略带非日常感的一个瞬间。"大白天就在居酒屋喝起酒的人们"也是，"白天喝酒"带来的释放感和酒精的协助作用，都能让人感受到一种脱离日常的轻快气氛。

面对忽然出现的摄像机镜头，可以立即毫不顾虑地大方讲述自己故事的人，恐怕并不多见。看电视的观众也是，如果他们看到的是在寻常地点接受采访的人，也就不可能期待他能"毫无保留地讲述自己的故事"。

　　但是，只要制造一点差别，从日常之中细心地发掘出"非日常"的瞬间，并把它当作节目的重要设定，那么在实际拍摄中，采访对象也会谈起那些隐藏在心底，平时不会轻易向人吐露的故事。

　　如此，面对这些"陌生的市井百姓"，观众们"感觉要说点什么猛料了"的期待值也会随之增加。

　　为了呈现出"前所未见的有趣内容"，即使你在"故事创作"上颇费苦心，如果没有观众，只有你自己孤芳自赏的话，一切都将失去意义。如果你想让更多的人看到你的作品，请千万记牢，"设定就是一切"。真正魅力十足的作品，会做到现实性和娱乐性两者兼备。

17. 逆转价值观的"视角力"

开头篇【1秒抓住眼球】②让"没兴趣"变"好有趣"的魔法

● 本节推荐阅读人群：

· 在公关、销售、策划等工作中，"无法传达自己意图"的你。
· 被评价"内容还不错"，一到商业化却总失败的你。
· 必须将"负面信息"传达给对方的你。

本节要讲的是，能让人从对事物毫无兴趣，瞬间转变为感兴趣的"革命性"手法。

先来听我讲讲，我人生中最无聊的一部电影吧。

我并不是要贬低这部作品，事实上这部无聊到能让人睡着的电影，还在我个人的"最佳电影排行榜"上占据了一席之地。

这部电影就是《遁入寂静》。在"做减法"那一节，讲到不使用解说和音乐的作品时，我列举的海外电影案例就是它。

这是查尔特勒男子修道院中，第一次有摄像机进入拍摄的纪录影片。

这座修道院在众多天主教教会中，以戒律森严著称。在法国的阿尔卑斯山顶上，修道士们在严峻的自然环境中与世隔绝、自给自足，每天晚上 19 点 30 分准时休息，23 点 30 分起床。从午夜 12 点 15 分开始到凌晨 3 点，要进行祷告，结束后再次进入休息时间。然后，要在清晨 6 点钟起来做礼拜和弥撒。光是这些，在我这种生活堕落的一般人看来，已经算诡异的禁欲主义者行为了，然而这还只是开始。

他们将自己的全部时间奉献给祷告，在做礼拜和农活以外的时间，他们会待在一间小房间里，房间里只有一张稻草床、暖炉和装着个人物品的白铁皮小箱子。

修道院内原则上是禁止对话的，只有在每周日午后，院内规定的短暂散步时间里，大家可以自由交谈。

这就是查尔特勒修道院，而电影《遁入寂静》是全世界第一次有摄像机深入其中，拍摄修道院的日常生活。

其实早在 1984 年，导演菲利普·格罗因就曾向他们提出过采访请求，却以"还不是时候"为由被回绝了。之后又过了 16 年，修道院才主动联络导演，告诉他"我们准备好了"。

怎么样？是不是感觉特别有意思？这真的是让人没法不想看。于是我买了它的 DVD。价格居然要 8553 日元，都可以买两部新发售的电影 DVD 了，一年内的电影新作，可以买到四部。

这部电影的正片只有 169 分钟，但据说后期剪辑却花了 5 年时间。看来是拍摄到的好镜头太多，难以取舍吧，我的期待越发高涨。

结果……我睡熟了。

我不甘心，这可是花了我 8553 日元的电影啊。倒回记忆中断的地方，我又开始继续观看。然而……又一次，我睡得死死的。

跟睡魔持续对战，前前后后倒回好几次之后，我终于把这片子看完了。让我一次又一次克服枯燥看完的电影，在我的观影史上真是绝无仅有。但是那一刻，我的怒气再也无法遏制。

这电影到底是什么意思呀！后期剪辑居然花了 5 年？ 5 年里都干了些什么！这种剪辑，两周就够了吧！

我去网上查了很多关于这部电影的评价，能理解、接受这部片子的人几乎不存在。这之后的整整一周时间里，我都忘不了这部电影。整整一周，我的大脑都被挥之不散的"枯燥至极"所占据。这真的是一次太具冲击性的观影体验。

现在想来，给观众留下这种感受，或许都在导演的预料之中。就在那一周之后的某一个瞬间，我忽然茅塞顿开，明白了一切。

"原来如此，是这么个意思啊！"也就是在这一瞬间，我全身的汗毛都悚然立起，那种感受我至今还记得。

只是发现了一种新的"视角"，我就开始意识到，这部电影其实是我以前从未体验过的一部"独一无二的电影"。

这电影的初衷恐怕正是，让人能够身临其境地体验到枯燥至极。

只允许祷告，不允许对话，在无边的寂静之中，将自己的一生全部献给祷告。那到底是一种怎样的生活呢？我想，身处繁华的都市之中，被各种各样的刺激包围的我们，只会认为那是一种无比枯燥的生活。

那么到底是为什么，那些修道士可以住进与世隔绝的修道院，在那种"枯燥至极的生活"中，度过自己的一生呢？

即使无法窥见他们思想的深渊，哪怕只能触碰到那些思想的水面也好，什么样的影像作品才能达到这种效果呢？

是的，只要拍出一部能让人体味到那种"极致枯燥"的电影就好了。后期剪辑，也全部照这个方向走。

这大概就是导演连续 5 年不断思考后得出的答案吧，因为最终，他认可自己花费的那 5 年时间。

我记得影片中，有修道士一声不响地看向屏幕数秒的谜之镜头，或许这都是为了传达枯燥至极的感受。

如果你想用寻常电影的"结构"去欣赏这部电影的话，一定无法理解它，但是当你能够从让人体味"极致枯燥"这一角度来看它的话，便能理解清楚一切。

　　这简直称得上是一场革命。从"人生中最差的电影"到"人生中最佳电影"之一，一念之间，价值的巨大转变就在内心悄然发生。

　　作为影像作品，它也是革命性的，从某种角度说，是绝对能超越 3D、4D，够得上 5D 水准，让人身临其境的体感电影。

　　既然已经达到这种效果，可以说，我花费 8553 日元观看的已然是一场现场演出。如果这部电影 DVD 只要 2000 日元，我当初肯定不会那么后悔，也不会花一周时间去思考它，更不会发现一种全新的"视角"。

　　唯一遗憾的是，我没能在电影院里欣赏这部电影。看 DVD 的话，可以按自己的节奏，随时选择从哪里看，甚至不继续看都可以，但坐在电影院里却不行。在充满绝望的封闭空间里，去体验能感受到永恒的 169 分钟。只有这种观影方式，才能让我们更加接近与世隔绝的阿尔卑斯山深处，不能自由外出、在日复一日的祷告中度过一生的修道院生活。

　　想必导演也烦恼过吧。如果作品的目标是"让人体验到极致的枯燥"（不让人从开头起就带着兴趣观看），那么在片头就不能明确说明这一点。如果在最开始导演就表明意图，勾起观众的兴趣，那就算是作战失败。另外，在口碑传播如此迅速的今天，如果导演亲自去揭示这部电影的意义，也是不可取的。

　　不过，从自带内在矛盾这一点来看，这部电影已经是接近艺术层面的作品了。这么想的话，我觉得有矛盾存在，也不失为一件坏事。

我不是在开玩笑。我真心地希望各位都能来感受一下这部电影带来的感动。

不过，标榜"娱乐"功能的电视等其他影视作品，却无法做到这一点。娱乐新闻、企业内的策划方案，我想更不行。

"快来感受到我的呼喊啊！就算我在沉默，也来感受我啊！去为我思考一周吧！"这种手法可并没有通用性。

因此，我们需要在节目的一开始，就创造一种让人瞬间想看的"视角"。

在《可以跟你回家吗？》中，我们拍摄过一段颇具冲击力的VTR。以下内容可能会颠覆你一直以来的常识。阅读时请多加注意。

这是一个关于居住在茨城县的75岁老人的故事。我们是在跳蚤市场遇见他的，当时他说"有人正在等我"。

于是，我们跟着他一起去找在等他的人，出人意料的是，对方竟是他的婚外情对象，今年已85岁。这之后，老人毫无保留地为我们讲述了他充满冲击力的人生故事。

他们两人都各自有家庭子女，婚外恋情持续了长达40年之久。而且，彼此的家人也都知道，并坦然接受着两人的关系。

但是，他们俩的婚外情，却有不可回避的理由。

在过去那个自由恋爱还未占据主流，夫妻多靠"包办婚姻"结合在一起的年代，有些人在婚后，再怎么努力也无法跟配偶保持和谐生活。这些都是仍然留存在茨城县农村地区，即将默默消失而再无人知晓的一段真实的"昭和秘话"。

说实话，在拍摄结束后，关于是否要播出这段采访，我犹豫了很久。

就算决定播出，如果剪辑编排得不好，就很可能会遭到误解。我们播出这段内容并不是想认同婚外情，但是处理不好的话，很难说观众不会这么想。如果只抓住婚外情这一点，这个故事的真正魅力就会表现不出来。

也就是说，我想观众"不会感兴趣"。

这段VTR呈现的是，不会被载入史册的旧时代的真实百姓生活。如果是平时看惯了赞美昭和时代内容的观众，一定无法理解这种生活，不过我们也并不是说那个时代有多么黑暗。当然，这段VTR并不是要为现代社会中的"出轨行为"开脱，作为一档电视节目，绝不可能认可这种事。

但是，我个人认为：

·一切行为皆有其发生的"理由"，其中包含只有当事人才知道的真相。

·不去思考隐藏在水面之下的理由，只把露在水面之上的"结果"当作绝对的判断基准，去进行价值判断，在面临更加严重的问题时，这种思考方法非常危险。

·以立足于"现在"这一时代的"正义"，去评判"过去"这一时代的"行为"，也相当危险。

能促使人们产生这种相对化的思考，我觉得也正是这个VTR的一大魅力所在。然而，这个主题的理解难度，堪比我前面讲过的查尔特勒修道院纪录片的主题了。

因此，最后节目正式播放时，我在片头加了这么一句话："这段影像可能会颠覆你一直以来的对昭和时代的常识，播出之前我们已取得当事人家属的同意。"

黑底白字，就像合同附加条款一样的说明。

我是打算在这段 VTR 开始之前，就传达出"如果你打算带着现代社会的眼光，请停止继续观看""希望能启发大家更深层次的思考"的双重意思。

加上这么一段，观众就会去想"颠覆常识，是什么意思呢？"由此对节目内容兴趣大增。这个 VTR 不是让人对"婚外情"做出价值判断，而是要对所有事物的价值判断方法提出质疑，我希望观众能带着这一视角收看节目。

像这样为观众提示观看"视角"，有助于提升 VTR 内在价值的吸引力，也能让观众在"开头"就对内容产生兴趣。

这是在采访、后期剪辑等任何工作时间里，都该去时常思考的技巧。在电视节目中，它可以是出现在画面中间或两侧的字幕。

在网络新闻、杂志或书籍中，它可以是标题、开头、目录。

在策划方案中，它可以表现为每一页的标题。

如果是在销售工作中，它可以成为销售话术的引子。

当然，也不是所有内容都需要配备这种视角。如果每一次都有引导，观众的期待值会降低，也会感觉被强加了很多硬性观看要求。

只有再加上视角引导，VTR 的吸引力会戏剧性地大增时，即在主题的魅力点很难看懂的情况下，或节目的魅力点容易被误解的情况下，添加视角才会起到锦上添花的效果。

　　能否为观众提示最合适的观看视角，将直接关系到"观众能否在故事开头就产生兴趣"。

18. 时间机器的剪辑力

开头篇【1 秒抓住眼球】③从反方向创造"因果关系"

● 本节推荐阅读人群：

· 身处销售、公关、网站等行业，需要时常"了解行业新规"的你。
· 想获得"一瞬间就抓住观看者"的故事架构能力的你。
· 想掌握更专业的"视频结构"的你。

我最讨厌的艺人是御法川法男。

至于我不得不这么说的理由，下面给各位慢慢道来。

如果你希望在故事开头就紧紧抓住观众，我有一种绝佳技巧：先从结论讲起。

跟文字、漫画等内容形式相比，影像内容的后期剪辑，受时间轴的限制更多。DVD 可以快进，网络视频也可以跳着看，但电视却只能受时间进度支配。正因如此，在电视行业，"开头迅速勾起观众兴趣的技能"正得到空前进化。

但是，或许是"时间轴的影响力"太大，新人导演制作的VTR 总是不可避免地要被时间轴牵着鼻子走。

结果就是，片子内容变得晦涩难懂，还没看到有意思的部分，就已经让人丧失了继续看下去的动力。

"后期剪辑"其实就是故事创作的根本，如何对无数的构成要素进行排列取舍，正是创作的核心价值所在。

小朋友们的堆积木游戏，大人们的绘画、建筑、制造企业的新产品开发，公司里常见的制作策划方案、演讲，甚至是和他人的会话都是如此。

建筑、绘画、堆积木游戏，这些取舍的对象都是针对空间进行，婚礼上的演讲、销售话术等会话的取舍，则是针对时间进行。

而影像作品和制作策划方案在时间、空间两者上进行的取舍，就是我们常说的"编辑"的过程。

当我们撰写文章、创作影像时，为什么总要按照记忆中体验这件事的时间顺序来展开呢？其实，带着"这是最合适的顺序吗"的意识，去对构成要素进行排列组合，才是正确做法。

"最合适"的标准，可以包括易懂、有趣等诸多方面，但我这里要强调的是"能勾起兴趣吗"，而且一定要在故事"开头"。

这里给大家介绍一种比较极端，但在"勾起兴趣"上效果卓越的手法，"从高潮部分讲起"。

在已经播放过数期的特别节目《减重日本》中，我就使用了这种手法。

来看看节目里使用的第一个场面吧——

总体重超过 600 公斤的四个胖子，正在号啕大哭。接下来的画面，是他们纷纷表达对日本的感谢，说着"多亏了日本"，他们马上就要飞回自己的国家。

按照拍摄的时间顺序来看，以上这些全是最后才拍到的画面。

但是，好几位体型惹人注目的外国人一起站在成田机场内大哭，这种略显"异常"的场面会马上勾起观众的兴趣，"这是出什么事了呢"。

而且他们不约而同地说着"多亏了日本"，像是在为什么事发表感谢。观众看到这种场景，就会更加好奇。

此时，节目解说词出现，"这一天，是他们在日本参加的两个月的项目结束的日子"。之后，节目的介绍说明娓娓道来，将国外体重严重超标的胖子们带到日本居住两个月，在此期间他们要通过只吃和食，实现自己的减重计划。

看到这里，观众应该会觉得，"原来如此，看完这两小时节目，应该能收获到感动，而且感觉是日本帮了他们大忙……"

这种在一开头就亮出高潮部分的手法，效果相当值得期待。

不过，也正是因为它的后劲儿太强，我还有三点注意事项要给大家补充说明。

① 要做好认真面对"耍小聪明"的觉悟

先说第一点，使用这种手法，看起来会有点耍小聪明的嫌疑。

但是这也确实是一个很能勾起观众兴趣的手段，若是完全放着不用，只能算创作者的失职。不过，创作者还是要时常带着"会不会妨碍观众去关注故事本身呢"的意识，去使用这些技巧。

这种时候，你最好以事实为中心去架构故事，并尽量保持克制的语感。这样，开头呈现的高潮部分才会在观众心里产生共鸣。

当"快来看我啊！"的声音全力袭来时，观众内心的情绪就会被调动起来。

但如果把机场大哭的场面解说词改成这样："这是胖子们在日本挥洒汗水、努力和眼泪的感动故事。"观众观看的欲望会瞬间丧失。

"这一天，是他们在日本参加的两个月的项目结束的日子。"像这样简洁陈述事实比较好。多数情况下，像这样略带神秘地表达出"如果您有兴趣，请继续收看节目"的意思更为妥当。

② 只有在对内容有足够自信时，才能使用

"从高潮部分讲起"在勾起观众兴趣的同时，也会带来一定副作用，即创作难度被提高了。"本来没啥期待，看完发现，还不错"，人们总是对这种偶然性更为青睐。

《可以跟你回家吗？》就是个充满偶然性的节目，当然我个人也特别喜欢"偶然性"和由此而生的"意料之外"，因为其中总会隐藏着不少浪漫情节。因此，在开头就放出高潮的手法，只

能在对内容有足够自信时使用。

观众在故事开头就看到高潮部分，会迅速产生两种感想："啊，看来这节目会很感动！"或者"看来这故事应该有 ×× 水平。"

所以，只有在表达内容能超越观众预想的时候，才能使用这种手法。如果实际内容达不到观众的期待，在观看过程中，失望的情绪就会不断累积。那么，只要不是一次决胜负，就必定会对节目内容的"持续性"产生影响。

③ 存在不适用此法的情况

即使你对节目内容很有自信，也有不适用这个手法的情况。

比如我前边略有提及的以"偶然性"和"意料之外"为核心的节目，把高潮放在开头只会起到相反效果。

再比如，当观众感兴趣的就是结果本身的时候，此法也不适用。

最好理解的一个例子就是体育。如果在足球比赛开始前，播放某个队员大哭的镜头，导演基本会被当成傻子。

除此之外还有不少不适用的情况，暂且不一一列举。

不止这一个，我在本书里介绍的所有技巧，并不是在任何情况下使用都能起到加分效果。至少要在充分理解内容或故事的世界观之后，再使用适合的手法，才能避免出现相反效果。

"后期剪辑"的能力高低，也会极大程度地左右内容质量。有人认为"后期剪辑"也算电视节目的一种造假行为，这种认知绝对是错误的。后期剪辑，是为了把事实魅力更清晰明了地呈现出来，让更多观众去品味和理解节目。

因此，"后期剪辑"正是让导演充分展示自己实力的地方，但是如果节目里有御法川法男，恐怕导演就没什么发挥余地了。

回到本节开头的地方，"我最讨厌的艺人是御法川法男"。我是把这句话当作本节主题"在开头写下高潮部分"的例子举出的。

我记得自己进电视台第一年时，就在想"御法川法男是天才吧"。当时，我被分配去的第一个节目就是御法川法男主持的《星期一综艺》。

这是档每周两小时，每回都要播放不同内容的特别节目，虽说时长是两小时，但录制时间也是两小时左右。在演播室里，御法川法男引导嘉宾发表 VTR 的观后感时，主持话术几乎毫无破绽。

首先，他会简明扼要地询问嘉宾："××，感想如何？"

时至今日我才明白，这其实是导演非常喜欢的提问形式。有很多主持人喜欢直接提问到很细节的地方："××，VTR 的什么什么地方，你看了有什么感想？"但是导演想先听到的其实是嘉宾对 VTR 整体内容的看法。

因为从中也能预估出观众的感觉，导演都希望看到更多观点不一的自由表达。在后期剪辑时，也会挑选比较自然的感想放入成片。

我记得在节目录制中，播放 VTR 时，御法川法男偶尔会闭上眼，我还怀疑过他是不是睡着了，没看到 VTR 讲了什么，所以等镜头切回演播室，才会笼统地向嘉宾提问"感想如何"。

这个节目有时会请演员或文化界人士来做嘉宾，他们并不是每个人都能像艺人那样，擅于在镜头前讲话。有时在一问一答间，会出现明显的跑题，但是御法川法男势必会不经意地就把话茬接回正题，也总能很自然地切换对不同嘉宾的提问语调。

在我的印象中，他的主持技巧真的非常高超，能随时把跑偏的话题带回正轨。这说明他肯定记得 VTR 的内容，那么，虽然在播 VTR 时他会闭眼，但绝非是在打盹。

就算他不一直盯着看，也能准确地回想起重要的部分，可见御法川法男一定是能把 VTR 中重要和不那么重要的部分，瞬间就加以辨别。靠自己的直觉，将 20 分钟的 VTR 瞬间压缩剪辑成 15 分钟的人，真是不可思议。

但是，像御法川法男这样过于完美的主持人，就会让我们导演的后期剪辑实力无处施展。作为艺人，这自然是高水平的表现，一般有这种技术的艺人肯定会出名。但是从"让导演没什么事儿做，缺乏满足感"的层面来看，我不得不说，我讨厌御法川法男。

19. "矛盾的本能"的解决力

开头篇【1秒抓住眼球】④让"安心感"和"新鲜感"同时成立的方法

● 本节推荐阅读人群：

· 想把没人做过的"创意策划案"卖出去的你。
· 苦于创新又实用的产品不被消费者接受的你。
· 请了咨询专家，公司问题却依旧没得到解决的你。

在这一节，我要再给大家送上一个不容错过的重要技巧。它和本书的主题也密切相关。"创作出前所未见的有趣内容"，并且"想被更多人看到"。其实，这两者之间潜藏着巨大的矛盾关系。

不只是电视节目，这是所有行业在开发新产品、开拓新客户和新消费群体时，都不能忽视的重要问题。

以诗集《抒情小曲集》中"故乡只能是远方的思念"这句话被广为人知的室生犀星，曾在另一本书中，就自己常去的荞麦面店，说了这样一句话："我喜欢常去的那家荞麦面店，因为它是我去惯了的店。"

我在大学时初见这句话时，特别感同身受。

　　我上大学那会儿，每天都会去一家叫"糊涂厨房"的店吃饭，现在想来那家店其实特别一般。原来我常去那儿，只是因为去习惯了啊。

　　不过在当时，我并没有把这件事的意义想得如此深刻。直到在工作上跟吉木梨纱产生了交集，才触动了我深入思考。

　　在打算找吉木梨纱来参与我的节目时，通过搜集嘉宾资料，我发现她曾在某档节目中，被评选为"艺人中最美的脸"。

　　以考察眼睛、鼻子位置的"美人黄金比"为标准，节目组将《艺人名鉴》中在册艺人的脸部比例一一进行测量对比，最终结果是，最接近黄金比例的艺人是吉木梨纱。

　　看到这儿时，我想起了两件事：

　　刚进公司那会儿，感觉外表不算可爱的女性前辈，最近似乎变可爱了。

　　将众多女性的脸部进行合成，创造出的五官均为平均值的面孔，竟然是一个绝世美人。

　　当时，我忽然就来了灵感。"美人"也好，"去惯了的店"也好，其"魅力"的本质难道不是都一样吗？

　　即，构成"魅力"的一大要素，就是"安心感"。

　　现在想想这话，会觉得理所当然，但我当时却感觉是发现了新大陆。

　　刚进公司时看着一般，现在却感觉变可爱了的女同事，大概也是因为时间久了，"看习惯了"的关系。众多女性五官合成出的最美面孔，大概也是因为五官都以最常见的比例组合在一起，让人看习惯了，所以感觉很美。熟悉的荞麦面店，也是因为吃惯了，才让人感觉安心。

人类本能的一大构成要素，是"对死亡的恐惧"。因此，对每一个人而言，"安心感"是种无与伦比的魅力。我们不可能无视这种人类共同的"本能"。

比如那些观众们"看惯了的电视内容"，它们必定存在一定的收视需求，"安心感"，正是人类需求的一大构成要素。

不过，人类还拥有一个与安心感截然相反的欲求，那就是"好奇心"。

"好奇心"可以算是"安心感"的反义词，是一种完全相反的欲求。想见识见识新东西，想用一用没用过的东西，想跟新朋友交往，这些心理都是好奇心。

放到我的行业来说，"啊，感觉好像看过啊"的既视感，"这个没见过！感觉应该挺有意思"的新鲜感，这两方面的刺激都必不可少。

这不仅是电视业要应对的课题，也是所有新策划都要面临的难点。这种既视感与新鲜感之间的"平衡"，正是策划中"战略部分"的来源。

因此，在创作"前所未见的有趣内容"时，添加一些"安心感"，也是创作战略中不可或缺的一环。

在制作节目视频时，我们要对以下这些，但不限于这些工作环节，逐一进行平衡性的考量，并认真考虑节目整体内容的"既视感"和"新鲜感"的配比。

　　电视节目的概念创作

　　确定字幕的"色彩"

　　后期剪辑的节奏

　　配乐的选择

　　节目嘉宾阵容

　　解说的选择

　　或者，以上各项的有无

　　此外，这一战略还会随时受到项目进行时的市场状况、目标受众、自己所属公司规模的影响。

　　在斟酌这种平衡时，对于"熟悉感""既视感"的意识不可或缺。人们喜欢带着"这个我确实知道，就是这种感觉没错"的想法去开始消费内容，又希望最后能以"原来如此，是这么回事啊"的想法理解内容整体。

　　再以《可以跟你回家吗？》为例，这档节目本身就是既视感较少，比较难处理的题材。那么，如果连主持人都完全是生脸，就很容易让观众产生困惑感和不安感。因此，我们决定启用大家熟悉的艺人担当主持人。

　　首先，在确定好内容整体的"既视感"和"新鲜感"平衡之后，再决定要稍微侧重于哪一边。具体到东京电视台，如果跟既视感较强的节目做正面对抗，从豪华程度上看，我们的经济实力势必低人一筹，所以，还是从愿意选择我们东京电视台的目标观众的需求出发，我决定必须侧重"新鲜感"。

最终的主持阵容，我选择的不是同一个搞笑组合的两人，而是胆小组合里的大木，和小木矢作组合里的矢作，这是至今没有在任何节目中使用过的班底。

观众们在收看节目的过程中，会先后产生以下两种反应："啊，是没见过的组合唉，会发生什么呢？"（新鲜感＝刺激好奇心）或者"这两个人经常上电视，应该会挺有意思的吧……（看一会节目后）啊，确实挺有意思的。"（既视感＝激发安心感）。

在节目制作中，我们就是要像这样，时常以刺激矛盾的心理作为目标。

以上就是我对平衡的最后一点考量，我要确保主持人既能制造笑点，又能说出大家熟悉的槽点，同时这两个人的组合还必须不乏"新鲜感"，完成"吸引更多的人来观看＝让更多的人感兴趣"的目标。

我们常说做新策划、新节目很难，或许就像是因为要处理好"既视感"和"新鲜感"的平衡一样，我们得时刻应付人们"矛盾的需求"。

在之后的第五大章中，我还会详述这块内容，这里先给大家做个预告：本节讲的"矛盾"，即人类与生俱来的"欲求的矛盾"，正是一切内容创作的核心部分——创意中最重要的命题。

另外，既然我在本节讲起了文豪常去的荞麦店，和潜藏在人类本能中的"恐惧"，在接下来的章节中，我就先给大家介绍两种与之相关的手法。

20. 深挖记忆的能力

开头篇【1秒抓住眼球】⑤以"怀旧"吸引观众

● 本节推荐阅读人群:

- 想创作"诉诸情感的故事"的你。
- 想以"历史"做武器的你。
- 想扩宽记忆"表现范围"的你。

东京电视台有一点很好却也很疯狂的地方:我们的职员真的是什么都敢做。平时只做过娱乐节目、纪录型综艺节目的我，也当过电视剧的导演。

我的首部执导作品是在BS日本①播放的单集剧《文豪的食彩》，因为播出后口碑不错，后来还做了第二季。

《文豪的食彩》的同名漫画原作创作者，是我非常喜欢的杂志《荷风!》的总编壬生笃，漫画内容是巡礼文豪们喜欢的各家名店，探寻他们当时的用餐心情，同时还能欣赏到文豪的作品。

为了拍好这部剧，我去实地巡礼了不少文豪们光临过的名店。体验结果如何呢，说实话，味道可以说是好吃。但单从"料理的

---

① 现已更名为BS东京电视台，是东京电视台的关联频道。

味道"这一点来看，更加好吃的店也有很多。这些店的真正价值，不能只以"味道"这一个标准来评价。

通过这次取材，我再一次切身感悟到，美食不仅仅是靠舌头，还是靠大脑来品味的。当我们吃饭时，品的不只是味道，还有那道菜（剧中场面）中的故事。

把潜藏在商品中的故事，描绘给更多人看，这部电视剧的主题正和本书完美契合。

这些文豪们去过的名店，其实是普通的好吃，但配上芥川龙之介、太宰治、永井荷风和谷崎润一郎等这一众文豪客人光顾的故事，还有他们当时以何种心境品味那些美食的故事一起，就能发挥出这些美食的真正魅力。

记忆是最好的调味料。也就是说，"剧中场面"和"故事"能否有机结合，才是内容成功与否的关键。

在《文豪的食彩》中，我们会给观众描绘文豪们的美食故事，至于是否展现出了那家店的魅力，那就是另一个层面，即"场面"和"故事"结合的问题了。那需要随观众自己的喜好，将剧中"场面"和自己的"故事"相联系，品味出新的东西。

即观众们看着这个场面，"会回忆起些什么"。

具体内容，我想会有以下两点。

①直接的记忆。

②间接的类推。

第一点，直接的记忆。

比如某电视节目中拍到了木更津市的"三日月酒店"，去过那儿的观众看到后，"啊，我跟家人一起去过这地方""以前跟前任去过那儿呢"之类的记忆就会被唤起。

　　再进一步，还会产生"爸爸最近过得好吗？""跟我分手后，她过得怎么样呢？"之类的心理活动。事实上，我听说旅行节目中，以东京近郊人口较多的房总半岛、箱根为主题的话，收视率都不会低。

　　去跟大多数人经历过的事创造关联，或者直接以那些经历为题材，这都是内容创作的常见手法。

　　这里说的可以创造关联的经历，不限于箱根、吉野家这样的"地点"或"物"，还有像"被分手"这种大家共同体验过的"经历"也可以包括在内。

　　比如，在推广一款巧克力的时候，"分手后被眼泪填满的夜，再品味点'苦涩'也无妨。满满的苦涩，成年人的 ×× 巧克力"。

　　以这样的广告词展开故事的话，就会让很多有过"被分手"经验的人回忆起那段伤心的往事。

　　不过，只靠这种技巧，会让采访对象或表现的范围变得太窄，而且也不能确保每次都成功地勾起观众的回忆。

　　这时候就需要发挥另一个武器的威力，"间接的类推"。

　　我们希望让观众想象到的画面，即使跟他们现有的经历无法直接对应、关联，但只要能让其隐约回忆起相似的经历也可以。

　　还记得我之前提到过的节目《减重日本》吗，节目一开头就是机场里"胖子们在大哭"的场面。我想大多数人，都没有真正见过"在空港大哭的胖子"的经历。但是，从胖子们在机场大哭的直接画面中，抽象出"在机场哭"的相似经历后，大脑就会开始搜索符合的内容。

比如，观众会从自己"离开故乡跟家人在机场分别，那时候感觉很伤心"的真实经历中，去类推眼前看到的画面，进而产生情感上的变化。这种最终诉诸感情的手法，就是间接的类推。

综上，要使用哪些事物、场景，要让观众在心里唤起怎样的记忆，对于这些问题的思考，有助于让你的内容从开头就勾起观众的兴趣。

21. 意料之外的力量

持续篇【1秒也不让人厌倦】①让意料之中持续反转

● 本节推荐阅读人群：

· 想理解所有行业中"人类的本能需求"的你。
· 想把以上所学有效运用于策划、销售、公关工作中的你。
· 想知道热门电影、小说"流行秘密"的你。

电视节目究竟要怎样做，才能让观众永不厌倦地一直收看下去呢？

　　如果年龄、喜好、特征都各不相同的大众，在收看《可以跟你回家吗？》时，比看明石家秋刀鱼、松子·DELUX 的节目时，更加地"目不转睛"，我想这全要归功于这种"出乎意料的力量"。

　　"一种总是能超越观众的想象，持续出乎大家意料的力量。"

　　在创作故事时，这种"出乎意料的力量"是能成功吸引观众的一个非常重要的技巧。人类，天生具有一种推测结果，并去验证其是否正确的本能。

　　在观看一个故事时，如果我们的推测被证实是"正确答案"，就会产生一种自我肯定的"正面"情绪，与此同时，当故事的走向出乎我们的意料，从这种"非正确答案"中，我们也能收获一种"学到了新知识"的"正面"情绪。

　　想要将这种出乎意料的比例，安排得恰到好处又不会让观众感到厌烦，就全要依赖电视人的经验去做斟酌决策，可以说这种出乎意料与意料之中的平衡本身，正与内容的个性密切相关。

　　至于要如何培养出上述"电视人的经验"，就要靠我之前讲过的"时刻意识到观众的心情"这一技能的提升。

　　我有不少制作历史类电视节目的经验，而在众多历史节目中，收视率最高的就是《本能寺之变》（日本史上最大也最有名的政变）。

　　其实"本能寺之变"已经被演绎过太多遍，其中"出乎意料"的点完全都成了意料之中，但这反倒让人每次看都充满期待。可以说大家是在专门"等待意外"。

"明智光秀，快！"的台词一遍又一遍出现大家也不会厌烦，看来人类的本能中都存在"本能寺之变"，即喜欢意料之外。

言归正传，怎样在故事中制造"出乎意料"呢？

其实在虚构创作的世界中，很久以前，人们就意识到了"出乎意料"的力量，常常靠这种技巧来吸引观众、读者。悬疑剧就是个最好的例子，推理小说其实也同理。

几乎所有虚构故事的情节，都是在考虑如何超出观众读者的想象范畴，或者还有难度更高一筹的"意料之外"——让人以为会出乎意料，结果却在意料之中。可以说虚构故事就是这两种"意料之外"的循环连续上演。

关于这项技巧的学习，最近有一个非常容易理解的案例，迪士尼动画电影《疯狂动物城》。

在食草动物和食肉动物和谐共生的世界里，身处不利地位的食草动物兔子朱迪却凭借个人努力，成功当上了警察。与此同时，动物城正接连发生食肉动物失踪事件，最终小兔子斗胆接下了寻找失踪动物的任务。这真的是一部非常出色的电影，完全称得上是虚构故事创作的教科书。

其厉害之处在于，意料之外状况的发生速度特别快。我想即便是习惯了 YouTube 等短视频的年轻一代也不会看得厌倦，片中的"意料之外"简直是一环扣一环。纵然是把意外手法用得有点夸张，但整体上它是一个能吸引人一直看下去的好故事。

这种快节奏或许看起来比较有现代感，但在虚构的世界，为了制造"意料之外"，创作者们早就学会了有目的地去误导观众读者。比如，把真正的犯人描绘得像好人一样，或者一点一点地放出相关细节，让真正的犯人看起来不像犯人。

这其实是一种叫作"熏制鲱鱼的迷惑"的古典创作技巧。

所谓"熏制鲱鱼"，翻译自英语俚语"Red herring"。据说，从前在训练猎犬搜寻狐狸的时候，人们会把气味浓烈的熏制鲱鱼放进森林，用来测试猎犬是否能抵抗其他气味，专心追踪狐狸的踪迹。后来，这个词变成了表达误导、转移视线之意的惯用语。

不过，把这种"熏制鲱鱼的迷惑"当作一种"出乎意料的力量"，用在虚构故事中虽然不成问题，但是在非虚构的情况下，在用法上就需要加一些限制。目的性太强的"熏制鲱鱼的迷惑"，会对非虚构故事的本质魅力——"真实感"造成破坏。

哪种情况才不会有损真实感呢？只有在采访取材时，采访者本人遭受了真实的误导，并忠实地将其再现进成片时才行。

但是，这又变成了"等待奇迹"。"等待奇迹"是我们在揶揄那些不动脑子，只会毫无根据地期待奇迹发生的三流导演时所用的行话。

奇迹不是等待来的，而是要靠自己创造的。这也是非虚构故事创作的关键。如果导演连这个都不会，只会等待，那么摄像机换谁扛都一样了，不如把拍摄工作交给 AI（人工智能）去做更好。

在虚构创作中，人们会对这些创作技巧反复加以思考研究，但是在非虚构内容的创作中，多数人都是持不关心、无所谓的态度。

因为大家对于"导演"得本质的透彻洞察太过匮乏，以至于一提到"用技巧"，很多导演自己都只能想到"造假"。可正是在这种现状下，机会才更多。

我们只要从现实世界中，找到全新的发现"意料之外"的技巧就好。相信它也会成为创造"前所未见的有趣"，和满足人们"出乎意料的本能需求"的有力武器。

在制作《可以跟你回家吗？》之初，我们都在不断试错，去发现要怎么做，才能描绘出更多观众们想看的"意料之外的状况"。

简而言之，答案听起来可能像禅修问答——只有具备了描绘"绝对真实"的态度，才能真正超越"想象出来的真实"。

即必须彻底地去打磨"真实"。

这项技巧，还可以分解为三个要点：

① 面对偶然，要千万珍惜！

② 别停下摄像机！

③ "外在"和"内在"！

先来说第一点，"偶然"简直是"意料之外"之神。因此，在拍摄现场遭遇到的"偶然"，请各位务必要珍惜、重视。

2018年10月的某一天，我们跟拍一位男性回家，一进家门，就看到他妻子的脸化妆成了著名乐队圣饥魔Ⅱ主唱——小暮阁下（原来是为了快要到来的万圣节在做化妆练习）。

末班车停运后的大街上，我们向一位大叔搭话，没想到他正在"离家出走中"（随后我们跟着他一起回家，大叔也终于跟妻子言归于好）。

说到底，就是让大家摆脱"必须这么做才行"的一切束缚，带着享受偶然的态度去拍摄。不过，"偶然"可不是坐等奇迹。

"末班车停运后的时间设定""喝醉的人"的设定，还有遇到之后就跟拍回家的"拍摄手段设定"等等，你需要认真思考什么样的设定才容易催生偶然。这也是让"意料之外的力量"走向更强的第一步。

再来看第二点，它也是为捕捉偶然而生的技巧，"别停下摄像机！"

我还在当《在世界那个角落生活的日本人》的导演时，曾去所罗门群岛拍过外景。

有一天我准备去市场附近拍一些当地的街景。因为所罗门群岛的经济状况并不很好，我想着能拍到其特有的"杂乱多样的热闹气氛"就可以。然而在拍摄过程中，一位大叔忽然朝我扔来个椰子，我下意识地就把摄像机镜头朝向地面，吓得忘了继续拍摄。

说实话在实际拍摄之前，有一瞬我还在想，"能拍到市场杂乱的气氛吗"，现在看来这想法真是太肤浅了。在那之后，市场里的很多人都对着那个扔椰子的人喝倒彩，他们是在保护我们这些人生地不熟的日本人。

当时我真的是羞愧难当，我居然自以为是地预想好他们国家的杂乱就是当地的魅力，又在所罗门群岛为我展现它真实魅力的瞬间，竟然停下了摄像机。

不是市场里有危险的家伙，而是还有更多人会保护被危险家伙欺负的我们这些日本人，这才是"所罗门群岛"真正魅力的"本质"所在。

我为没能拍下当时的场面后悔不已。自那以后，为了能捕捉到"偶然"的奇迹，我告诉自己要竭尽全力不让摄像机停下来。

在《可以跟你回家吗？》里，也有不少"意料之外的状况"，都出自没停下的摄影机拍到的"偶然瞬间"。我们半夜跟拍去别人家时，有很多人都会礼貌地为我们端上一些小吃、饮品，这种时候，我会把摄像机放在一边，继续任它拍摄。

有一次，一位给我端上炒苦瓜的太太，忽然喃喃了一句："其实我老公已经几十天没回家了。"而在此之前的拍摄中，她说的可是"我老公今天会工作到很晚"。

如此，如果不带着"绝对不能错过"的意识，就肯定拍不到只存在于"偶然"之中的"意料之外"。

这一招在日常会话、文字采访等所有内容创作中都适用。试着把我前面说的"摄像机"替换成"带着注意力去观察"，你就会明白。

譬如，为了给自己公司即将上市的产品写一段"诞生秘话"，你准备去生产工厂取材。如果你以为单靠采访安排好的员工就得来的内容、就能写出产品的真正魅力，那就大错特错了。

工厂中来来去去的员工们的随意对话，去冷藏柜取饮料时的短暂交流，还有关于自家家事的闲聊……只有从这些不加掩饰的交流中，才能发现人们潜藏的真实人性和思考方式。

如果你身处影像内容之外的行业，就把"别停下摄像机！"替换成"别停下深入观察！"再返回头看看吧。

最后一点的"外在"和"内在"，这也是《可以跟你回家吗？》

在呈现故事时使用的根本技巧。

　　·充分认识到所有人都存在"外在社交面具"和"内在真实自我"的两面性。

　　·去深入挖掘描绘"内在真实自我"。

　　·为此，我们需要使用"秘籍"（☆ 1），而为了掌握这一秘籍，还要使用另一个"秘籍"（☆ 2）。

　　我在看电视时有这样的想法：只是询问意见的街头采访，其实毫无意义，因为那都是人们一本正经地戴着"社交面具"所发表的意见。

　　每个人，都拥有"外在"和"内在"两张面孔，即使是出门在外穿着定制西装的绅士，在家也会穿着短裤，一边挠痒一边懒洋洋地躺着看电视。

　　这就是我在本节要讲的，在不损害"非虚构内容"的真实感，又不能只等待奇迹发生的前提下，提高"出乎意料的力量"的技巧。

　　人类的"内外面孔之差"，就是我们希望找到的"意料之外"。当然，这种差距可能是意外的糟糕，也有可能是出乎意料的好，两者皆有可能。

　　比如，我们遇到过兴冲冲地愿意带我们回家的小哥，可是一到家，他却忽然变得超级怕老婆。或者在末班车结束后的涩谷，我们邂逅了一位刚从俱乐部玩完出来的姑娘，跟她回到家后才知道，原来她在备考芳香疗法师资格证，理由竟然是她刚做了鼻癌手术，现在仍在跟病魔做斗争。可是这姑娘还不想认输，虽然手术后嗅觉变弱，她反而更想拿下这项跟嗅觉相关的工作资格证。

在这些有好有坏的意外状况中，又有小事和大事之分，每个人都逃不过"内外面孔之差"。只有充分认识到这一点，并把它呈现出来，才能为非虚构故事注入"出乎意料的力量"。

不过，"出乎意料的好人模式"虽然不错，与之相反情况下的"内在真实自我"，恐怕就很难完全表露了。

此处就需要用上"秘籍"（☆1）了，即无论采访对象的"内在面孔"是好是坏，都要认真地去追寻其中隐藏的魅力，并努力地把它描绘表现出来。绝不能只去表现"好的地方"，不能一味地强行赞美，更不能对负面内容视而不见。

周遭的人们没有留意，甚至本人都没有意识到的个人魅力究竟是什么，那才是我们要彻底去挖掘出来的东西。

我觉得这也正是"导演职责"的根本，只有忠实于这一根本，导演才能建立起跟采访对象之间的信赖关系。而只有取得采访对象的信任，他们才愿意展露自己的"内在面孔"。即使是在某个环节发生了尴尬的情况，也还愿意继续接受我们的摄影请求。

彻底地去挖掘"对方的魅力"，我们离人们的"内在面孔"就会越来越近，"非虚构内容"中"出乎意料的力量"也就会越来越强。这也是我们节目制作者为了让观众能1秒也不厌倦地收看节目，应该去努力的方向。

最后，为了实现"秘籍"（☆1）"乍一看可能是负面的内在面孔，也要去深入发掘其中魅力"，还需要另一个非常重要的"秘籍"（☆2），我会在后续篇章详细介绍。

22. 创造"搞笑"的能力

持续篇【1 秒也不让人厌倦】②让"好难懂"变身"好有趣"的 12 种技巧

● **本节推荐阅读人群：**

· 想扩展公关、销售或内容创作范围的你。

· 想把难以传达的"热血""正经""难懂"的信息传达出去的你。

· 想构建一个快乐家庭的你。

给"难懂的内容"穿上"搞笑"的外衣，"扩宽感兴趣的观众层""让收看门槛变得更低"。

以上这些都是"纪录型综艺节目"能带来的最大优势。

所谓搞笑，就如同太田胃散里包裹着"苦涩"良药的那张薄薄的糯米纸。

我知道人们总是喜欢要面子，也总是拘泥于层次、格调，但那全都没用，只有人们愿意来看你的内容才是王道。

下面，我就给大家讲讲搞笑的创作技巧吧！

创造搞笑的方法之一，就是制造"意外性"。因为搞笑是为了缓和紧张情绪而诞生的产物。如果"有意思的要来了哦！"的气氛被过早释放，即使内容中的"意外性"终于出现，也会让人感觉是情理之中，毫无意外感。也就是说，搞笑失败。

但搞笑也拥有勾起世人兴趣的力量。带着对"意外性"的强烈意识，我从自己在工作中见识到的众多搞笑内容中，总结出一些可以文字化的搞笑技巧，又从中提炼出一些影像内容之外的领域也能用得上的创造搞笑的方法，在下面为大家一一列举，并做简单说明。

不过，我要提醒一下真正喜欢搞笑的朋友们，在阅读以下内容时务必要注意，我即将讲的方法，虽然有助于"创作"搞笑内容，但在你"享受"搞笑的时候，它们可能会变成阻碍。

因为一旦你了解了搞笑的策略，就像我前边讲的那样，你会对"有意思的内容就要出现的气氛"越发敏感，在观看的时候，兴致可能会变得没那么高……因此，以下内容还是粗略读读就好。

创造搞笑的 12 种方法：

①降低难度 ②制造落差（上下之差）

③转向反方向（左右之差）④"转向反方向"的再转向反方向

⑤脱离（无视） ⑥配合

⑦天井 ⑧调侃

⑨自黑（自我调侃）⑩装傻

⑪恶搞（模仿） ⑫非现实

① 降低难度

这一条是指为了引出笑点而"制造气氛"。首先要注意的是，"有意思的要来了哦！"的气氛千万别制造过了头，否则，观众会产生警戒心理，搞得最后笑不出来。

　　不过必须注意的一点是，难度降得太低也会让人笑不出来。一旦观众预感到"好像不太搞笑"，就会立马对你失去兴趣。

　　"虽然内容难度不会再提高了，但感觉后边还藏着笑料。"这种感觉才是搞笑降临前的最佳气氛。

　　为了练就这种创作直觉，只是几次也好，我建议大家去看看笑星们的"现场表演"，定会让你对搞笑气氛的塑造有更身临其境的体会。还有一种更好的方法是，既要去看刚出道的年轻笑星的表演，也要去欣赏已经大火的老牌笑星的现场，再去对比研究两者制造气氛的不同之处是什么。

　　如果你没有去看现场的时间，那就在家看着《短剧之王》《神之舌》这类综艺节目，以自己的方式去研究学习一下。

　　除了笑星，导演们制作的"搞笑"影像内容也不少。总之，看喜剧电影可以，看综艺节目也行，关键是要带着目的性去边看边学。能做到这一点，即便不去看现场，也能对制造搞笑的气氛有个切身理解。

　　我做过一档把难度降得特别低的节目，《摄像机在此，请来说一句吧》。

　　我们把摄像机安置在街头，上边单贴一张纸"请来说一句吧"，希望路过的人们能自由地对着摄像机说点什么。

　　这档节目的出发点就是对"摄像工作"彻底做了减法，让摄像机镜头完全固定不动。我们甚至把综艺节目的核心——"外景的导演"也做了部分舍弃，现场连一位导演也没安排。这节目可以说是我做过的节目中"把收视难度降到底"的一个。

放弃外景现场的"导演"，结果就是探头过来看摄像机镜头的路人一出现，感觉有什么要发生的不错的气氛便会随之而来，一旦镜头前有人说话，就算他讲的内容不是特别好笑，观众也会觉得有意思。

这就是"降低难度"能带来的效果。

不过，也因为节目组从最开始就几乎什么引导都没做，拍出来的可用素材比例自然不高，性价比着实太差。

② 制造落差（上下之差）

在搞笑界，大家把制造笑点诞生的瞬间，称作添加"包袱[①]"，本条内容说的就是这个。

我前边讲过，在搞笑的结构中存在"意外性"，一是营造出从高处落至低处的感觉，通过制造落差来打造"包袱"，举个例子：

朋友："结婚纪念日，带你老婆去哪儿庆祝了？"

自己："哎呀，这次可是奢侈了一把。"

朋友："咦，去哪啦？去哪啦？"

自己："惠比寿哦。"

朋友："哇哦，不错啊！感觉厉害了！"

自己：　"是吧？我们俩穿了礼服，去吃了一人两万日元的

---

① 此处日文写作"落ち"，原有下落之意，跟第二条内容的名称有共通之处，在日本的落语等搞笑艺术表现形式中，指包含笑料的结尾。

全套西餐，安排得超完美。"

　　朋友："还是你厉害，那吃得怎么样？"

　　自己："超级难吃啊！"

　　朋友："啊？"

　　就是这种结构。先让人感觉"又高级又昂贵的餐厅，肯定很好吃吧"，没想到最后结果是"难吃"，就是这种有落差的感觉。

　　这种"高低"的落差结构，自然是"从高到低"的方式比较容易制造笑料，不过反过来也是可行的。

③ 转向反方向（左右之差）

　　跟"高低"方向上的制造落差相比，有一个技巧利用的是"左右"方向上的变化，即"转向反方向"。

　　上一条的"高低之差"，是利用了"高处"的积极印象，和"下落"至"低处"的消极印象，但本条内容的"左右"，两边内容是平等的，并无积极消极之分。例如：

　　自己："跟我聊聊电影吧。"

　　朋友："好啊，想聊什么。"

　　自己："有一部你无论如何都要看的电影，叫作《温泉屋小女管家》，是一部动画片。"

　　朋友："啊，为什么呢？"

　　自己："我一个朋友强烈推荐的，他是个漫画控，他推荐的动画，都错不了。"

　　朋友："原来如此，那确实会想看呢。"

自己："而且啊，导演是高坂希太郎，吉卜力的动画电影《侧耳倾听》《悬崖上的金鱼姬》，都是他担任作画监督①。"

朋友："是吗，那肯定错不了，《侧耳倾听》很好看。"

自己："就是说啊，那部电影简直是我的青春，我的初恋就是雫呀。"

朋友："真的假的，话说那电影到底怎么样？《温泉屋小女管家》。"

自己："我没去看。"

朋友："什么？"

就是这么个模式。

先把观众误导到"肯定去看过电影了"的方向上，最后却忽然转向完全相反的方向。只不过，这两者并不像高低之差那样存在积极、消极之分。

因此，无法通过"高低"引力实现的搞笑，不如转向左或右的相反方向试试看，用更直接的印象作比，就跟弹簧一样。往一个方向拉得越远，在力量释放的瞬间，其向相反方向弹得也会越远。

就是这种感觉。

① 商业动画的制作过程中，负责把关并修改原画动画的成品，确保人物脸型符合人物设定，动作流畅等等。

④ "转向反方向"的再转向反方向

这个技巧可有点难度。它是在第二、三点的基础之上，再转向反方向的方法。首先在故事的前半段，单独或连续使用上下、左右之差，在后续却忽然制造反转。

朋友："结婚纪念日，带你老婆去哪儿庆祝了？"

自己："哎呀，这次可是奢侈了一把。"

朋友："咦，去哪啦？去哪啦？"

自己："惠比寿哦。"

朋友："哇哦，不错啊！感觉厉害了！"

自己："是吧？我们俩穿了礼服，去吃了一人两万日元的全套西餐。安排得超完美。"

朋友："还是你厉害。"

自己："是吧，真的特别棒。简直无可挑剔。"

朋友："嗯。"

自己："地点好、气氛好、味道好、服务也好，完美得简直让我气愤啊。所以我又去他们的卫生间细看了一圈，最后跟店员说……"

朋友："说什么？"

自己："卫生间也完美！生而为人，我很抱歉。"

朋友："啊？"

就是这么个感觉。不过这个技巧只在部分情况下适用，如果有机会的话，大家不妨一试。

⑤ 脱离（无视）

自己："用相扑来打比方的话，这个技巧跟躲闪①挺像。"

朋友："躲闪？"

自己："嗯，躲闪。"

朋友："你，喜欢相扑啊？"

自己："嗯，特别喜欢。我真的超级喜欢相扑，现在就在两国②住着呢。现场比赛，我能看都会去看，而且我还喜欢去各地看巡回演出。只有巡演的时候，才能看到初切呀！力士们会用搞笑短剧，演绎比赛中禁止的错误动作，职业摔跤里的套索式踢击啊，直接用拖鞋打啊什么的爆笑动作都会出现！哎呀，真的超好看啊。"

朋友："真是有缘分啊，其实我也超级喜欢相扑。我特别喜欢去参加闭幕演出后的聚会！最后一场演出结束，各个相扑部屋③的庆功宴，粉丝也能去参加呢，你知道吗？"

自己："噢，这样啊。话说，咱们该说下一个话题了……"

这就是"脱离"。

当"讲话者"的表达热情异常高涨时，来个结尾这样的"无视"，就能制造搞笑点。

---

① 相扑的招数之一，使对方向前扑空。

② 指东京两国地区，日本最重要的相扑场馆两国国技馆就位于这里。这里聚集了很多相扑房和相扑火锅店，与相扑相关的景点更是数不胜数，在这里还能看到不少相扑运动员。

③ 日本培训相扑力士的组织，相扑运动员在此学习相扑技艺，吃、穿、住均由部屋负担。

再比如，你写文章越写越兴奋的时候，忽然在某处把自己的热情降下来，这个技巧也可以这么用。

像上边例子这样，有对话对象时用这法子是最合适的，不过想在"非虚构"故事中使用时，如果缺乏与交谈对象的亲密度，这种手法只会变成失礼的行为。这种信赖关系和时机，必须要运用得非常巧妙才行。

顺便一提，在使用影像表现内容时，如果遇到采访对象忽然说了什么奇怪的话，可以在给观众留 2 ~ 3 秒的疑问"间歇"之后，再立马结束这个场面（切换画面），这种处理手法，也属于"脱离"的技巧。

另外，如果使用常规手法，无论如何都达不到期待的搞笑效果，这时就可以用上这招"脱离"，强制性地在结尾制造出包袱。

⑥ 配合

这是跟上一条完全相反的手法。在本该说"没有没有"的时候，反而不加否定地配合着予以肯定。举个例子：

上司："给各位介绍一下，这位是我引以为傲的优秀部下小A。小A，来跟大家打个招呼吧。"

部下："……（一边迟疑）啊，各位对不住了，我就是优秀部下小A呦~"

就是这么个结构。一般人都会谦虚地说，"没有没有，优秀实在不敢当"，此处却配合上司顺着说了下去。

这时需要注意的是，要在表现出谦虚感的同时，再顺着上司的话发言。也就是说，在说话语气上，还是得拿出否定的感觉。

这也是把第三点的转向反方向，应用到了说话气氛上。同时，还能制造出一种不让人烦、略显可爱的感觉。

我们在使用创造搞笑的技巧时，也得好好分析这些技巧会带来什么负面效果，并想出能抵消这些负面效果的演技、文章或影像内容，这是使用所有的搞笑技巧时，都必须注意的地方。

⑦ 天丼 ①

指反反复复去重复同一句话的搞笑手法。

朋友："小×，下次一起去吃饭吧。你想去哪家店？"

自己："嗯，asap，as soon as possible 吧。"

朋友："（笑）说什么呢你！"

自己："还没好吗，上菜慢的店真是急死人。"

朋友："什么呀（笑）。小×，你喜欢什么类型的男孩？找男朋友的条件是什么？"

自己："嗯，这个问题啊，as soon as possible 吧。"

朋友："啊？"

就是以上这个意思。

在对话和文章的进程中，把前面出现过的跟前后文稍有违和感的某个关键词，在后续内容中反复使用几次。这种手法，可以

---

① 原意为大虾和蔬菜天妇罗的盖饭。取其常放两只虾和食材叠放在米饭上的特点，在搞笑界引申为将同一个笑料或装傻的内容，重复用两到三次的搞笑手法。

自己用，也可以是他人用。再举个例子：

老师："好，下个话题，前段时间咱们修学旅行去了新宿和原宿，我想听听大家对这两个地方的印象如何？A同学，你有什么感想？"

A："那个，我觉得新宿的高楼大厦特别多，一到那儿就好像忽然误入了电影的世界。但原宿就是五彩缤纷的、非常可爱，给我一种走进绘本世界的错觉。"

老师："确实是这种感觉，A同学不愧是语文年级第一的人，形容得非常到位。"

B："A同学好厉害，不愧是立志上东京大学的人。"

老师："（笑）那么B同学，你也说说吧？"

B："我觉得啊，新宿很现代，原宿很多彩……一言以蔽之，新宿是误入电影世界的感觉，原宿就是误入绘本的感觉吧。"

老师："B同学说的也不错，不愧是立志当搞笑艺人的人。"

天丼这招，还可以反复去使用记忆中别人说过的话。需要注意的是，稍带调侃地去使用这句话，效果会更好。那么"调侃"又是怎么回事呢？

⑧调侃

"调侃"可以说是综艺娱乐节目中，被使用得最多的一种技巧，它是以一种略带使坏的视角，去调侃别人喜欢的内容。

当下人气颇高的知名导演藤井健太郎，曾出过一本叫作《恶意与讲究的导演术》的书。他所说的"恶意"，在综艺节目的世界里，有时会被当作制造搞笑的方法来使用。比如：

自己："话说，你老家是哪儿的呢？"

朋友："埼玉县哦！"

自己："啊，那儿不错。"

朋友："不错吗？"

自己："嗯。葱很好吃啊。"

朋友："没有没有，只有深谷市的出名吧。"

自己："而且，还有高速公路啊。"

朋友："不是不是，高速公路哪儿都有吧。"

自己："还有古墓呀。"

朋友："不是，我说你到底想怎样！"

大致就是这种感觉吧。不过，使用"调侃"时一定要慎重，以下三点内容，绝不能忽视。

·对调侃对象的爱。

·与调侃对象的信赖关系。

·与这些内容的观看者（电视业中则指观众）之间的信赖关系。

以上三条一旦缺一条，"调侃"就会变成"欺负"，只会让观众感到不快。

特别是第二点，关系的好坏并不是由我们来判断的，对方是否真的觉得调侃内容好笑，我们很难看透。因此，使用"调侃"时一定要慎重。

对掌权者、某领域的强者使用调侃会比较容易，但当调侃对象变成"弱者"时，需要格外谨慎。

⑨ 自黑（自我调侃）

当调侃对象变成自己，就成了"自黑"。因为是自己调侃自己的事，与上一种手法相比，可能对他人造成的伤害就要少得多。

我说过的"全银河系最弱的东京电视台"，也是一种自我调侃，把自我调侃当搞笑手法使用最多的内容形式，我想应该非漫画莫属。

因漫画作品《我的小型生活》走红的福满茂之，还有创作了《妄想改造人改藏》的久米田康治，他们俩的自黑梗，已经算得上是传统演艺圈的表现手法了。

不过我也得提醒各位，在故事创作中，自黑如果用得太多，看起来就会像辩解之词，让人觉得不再搞笑。在开头，还有中间读者、观众已经淡忘的时候，时不时地用一用，才是最聪明的使用方法。

⑩ 装傻

这一招，要在意料之外的行动忽然出现时使用。其实第二到第六点也都算装傻的一种，除此之外，"忽然来袭的意料之外"也可以成为制造笑料的利器。

大家对 "装傻"搭配"吐槽"的结构都非常熟悉，在影像内容中，"装傻"手法被使用得也很多。以《想被吉木梨纱大骂》为例，节目整体都是第一视角的主观影像（摄像机镜头变成了观众视线的影像），一位女性（吉木梨纱）极认真地对虚拟男性的糟糕生活态度大骂特骂，面对镜头教训个不停的时候，镜头移走，走神到别的地方，这种拍摄手法就是在装傻。

⑪ 恶搞（模仿）

在电视节目和文章中，这种手法都经常被使用。具体是借用某些知名内容的形式，去表现其他内容。

譬如，《情热大陆》《行家本色》《全能住宅改造王》等播出历史颇久的电视节目，大家对它们的内容形式都很熟悉，也因此经常被当作模仿原型。

虽然恶搞是种常用手法，也有几个必须注意的要点：

· 恶搞原型，必须选择对观众而言有名的内容。

· 细节是命脉。

· 无法让人沉迷其中的恶搞，最终只会冷场。

· 对恶搞原型应抱有爱意。

· 注意版权关系。

第一点，不管你多喜欢恶搞原型，只要观众们不知道它，就不可能达到期望的搞笑效果。因此，去想象观众的共同特点，才是恶搞成功的关键。

"穿过六本木长长的隧道，便是朝日电视台。"这个模仿，不管在哪类受众看来，我想大多数人都能理解。它的原型正是非常知名的川端康成的《雪国》开头。

"对于一个小小的电视台，这实属为难。说到小，没有比平成晚年的东京电视台更小的电视台了吧。"它的原型来自司马辽太郎的名作《坂上之云》，但对电视台黄金时段的初高中生受众而言，接受度不得而知。他们之中知道《坂上之云》的，大概并不如熟悉《雪国》的多。

　　恶搞手法，在黄金时段的电视节目中使用时，选择谁都知道的原型比较安全。但除此之外的深夜时段节目，还有书籍、网络新闻等内容领域，选择只有受众能理解，不那么知名的原型，反响会更好。

　　因此，在连续使用恶搞时，非常有必要先去认真想象你面对的受众特征、喜好到底是什么。

　　接下来说第二点。"穿过六本木长长的隧道，便是朝日电视台。"如果这句变成"穿过六本木长长的隧道，就到朝日电视台了。"只字之差，就会让人兴致全无。因此，在细节上一定要做到极致。而且对细节的讲究越疯狂，搞笑效果就会越好。

　　第三，如果你用了恶搞，跟没用一样，那结局只会是冷场。只想着去借用有名原型的世界观来做恶搞，却没有明确的导演意图，后果非常危险。

　　第四、五点内容，都属于危机管理。如果没有对恶搞原型的爱，肯定会遭受其粉丝的抨击。

　　第五点，如果没有得到同意授权就一通恶搞，肯定会被原型本尊追责。

⑫ 非现实

所谓非现实，简而言之就是"理解不了"的意思。"非现实"也存在于绘画、文学作品领域。但是跟其用法不同，在影像内容的世界，"非现实"可以变成创造"笑点"的巨大武器。

举个最好懂的例子。我以前做过一档节目《乔治·波特曼的平成史》，由英国约克郡州立大学的历史系教授（如此设定的外国人）选出平成年代值得大书特书的日本特有文化主题，采访该主题的相关研究者，并回溯文化主题的历史表现。

节目中"只有教授身份是虚构的，除此之外的内容都是事实"的"设定"本身，就是一种脱离现实的表现手法，其中搞笑的基础，利用的正是非现实的"停顿"。

"人妻史""家庭电子游戏史""粉色传单史"，如这些期节目的标题所示，每次我们都会先定下主题，再由"教授"去采访一些相关领域的专家。当这些专家理解不了由人们自己发明的日本人独有的"关键词"时，就会出现一个奇怪的时间停顿，这个时间停顿从而就变成了搞笑瞬间。这档节目利用的就是这样的搞笑结构。

以介绍家庭电子游戏的历史时，教授采访高桥名人①的场面为例。

波特曼教授："名人，你当时所在的公司，在制作什么游

----

①　日本家喻户晓的电玩界明星。在 20 世纪 80 年代还没有连发摇杆的时期，以每秒钟能用手指连按 16 下按键（被称为"16 连击"）的技能而名噪一时。

戏呢？"

　　高桥名人："是一款叫'迪士尼乐园'的电脑游戏。"

　　波特曼教授："……？"

　　高桥名人："当时，千叶县已经建起迪士尼乐园了，为了与
之竞争，埼玉县也准备建造主题乐园。我们这游戏就是寻找秘密
宝物'米老鼠'的冒险游戏。"

　　波特曼教授："……米……老鼠？"

　　高桥名人："……"

　　波特曼教授："……"

　　波特曼教授："(重振精神，切换话题)你当时爆红，成为游
戏界名人之后，经历了不少事吧？"

　　高桥名人："我的公司啊，跟我嘱咐了好多不能做的事。比如，
别去'红灯区'什么的。"

　　波特曼教授："红……区？"

　　高桥名人："……"

　　波特曼教授："……"

　　如此，在每个要点上，两个人的对话总是接不上。这种脱离
现实感的气氛，就是节目内容的根本。

　　这档节目在播出当时，产生的冲击力可不小。虽然是播放半
年就结束的节目，但或许正是它的非现实感，吸引来不少狂热的
粉丝，DVD 连续出了四部。

　　利用非现实制造笑点时，如果能在该笑的地方加入爆笑声，
让观众知道这里是笑点，或有意地引导观众发笑，才是比较理想

的模式。

但是，在《乔治·波特曼的平成史》里，我们既没有在 VTR 的画面一角加小窗[1]，让嘉宾边看边吐槽，也没有加入"工作人员的笑声"，可以说是一种史无前例的非现实搞笑法。

"非现实"是种比较难处理的手法，但用得好又很容易吸引来热衷观众。虽然使用难度较高，但不失为影像内容中，制造搞笑的一种重要技巧。

以上，就是我要介绍给大家的"创造搞笑"的全部技巧。

读到这里，我想大概已经有读者注意到了，"创造搞笑的技巧"，可以说正是对"出乎意料的力量"的实际运用。

如果说上一节讲的"出乎意料的技巧"适用于故事整体或时间较长的场面，那么本节讲的"搞笑"，就是瞬间出乎意料的技巧。或许可以将两者总结为"宏观的出乎意料"和"微观的出乎意料"。

若能将"宏观的出乎意料"和"微观的出乎意料"有机融合在一起，一秒秒也不会让人看厌的故事就将横空出世。

---

[1]　日本的电视节目在播放 VTR 时，通常会在画面一角添加小窗口，将演播厅嘉宾观看 VTR 的实时表情、评论，随 VTR 同步播出。

23. 契诃夫之枪的力量

持续篇【1 秒也不让人厌倦】③让一切要素都拥有"意义"

● 本节推荐阅读人群：

· 想创作出让人赞不绝口的提案、视频、文章的你。

· 曾被上司、恋人、配偶吐槽"说话啰唆"的你。

· 想掌握专业的故事创作技巧的你。

"让一切要素都拥有意义"。这句话的反义即没有存在必要的场面，不使用；没有存在必要的要素，不加入。

也许你觉得这是废话，但没有充分意识到其重要性的话，依旧很容易犯错。此处又要提到一个虚构创作中的概念——"契诃夫之枪"。

俄国的知名剧作家契诃夫曾说过这样一句话："第一幕在墙上出现的枪，一定要在第二或三幕里开火。"

如果没有字数和时长的限制，我们平时或许不会意识到这一点，但是在播放时长被严格限制的电视行业，即使没有契诃夫法则的指引，在节目制作的最后阶段，我们总要陷入为"有意义的场面"精心排列最佳顺序的苦战之中。

若说到"场面意义"的种类，恐怕不胜枚举。具体到影像内容，我姑且先为大家列出以下这些。

　　·背景说明（为了表现人物的邋遢性格，让画面中出现一只脏兮兮的箱子）。

　　·故事伏笔（会成为故事后半段的关键要素）。

　　·时间流逝（为了表现夜晚降临，出现月亮的镜头）。

　　·有目的性的留白（便于观众整理情绪，品味故事余韵的时间间歇）。

　　·误导道具（前一节讲过的熏制鲱鱼的迷惑，比如不是犯人的人拥有一把玩具枪）。

　　·不使人厌倦的窍门（在持续的采访场面中，插入其他镜头）。

24. 舒适的诱导力

　　持续篇【1秒也不让人厌倦】④让观众一直去猜想"是什么呢？"

● 本节推荐阅读人群：

·希望自己创作的内容被"看到最后"的你。

·想做到不惹人烦地卖关子的你。

·希望大家对策划方案的内容"一直感兴趣"的你。

　　诱导技巧也是在故事创作中，被频繁使用的一种技巧。它的关键点在于，要让观众时刻都带着"是什么呢？"的疑问，继续看下去。

　　在连续的影像场面中，解开一个谜的同时，要马上再开启另一个谜。或者在故事的前半段放出一个到最后才能解开的大谜团，中间则是逐个寻找线索的过程。

　　不过这个技巧中，也潜藏着危险。或许就是你现在正体验到的感觉：诱导过多过长的话，会让人感到"厌烦"。

　　在"意料之外的力量"一节的结尾处，我已经设立过一个疑问点："……还需要另一个非常重要的'秘籍'（☆2），我会在后续篇章详细介绍。"

　　观众会觉得"电视好烦人"的原因之一，就是这种诱导使用过度。如果只是稍微透露出一点伏笔，观众并不会特别厌烦。但是如果透露的内容无法吸引到足够的关注，观众很可能意识不到哪儿是伏笔。

　　可如果明确指出伏笔的诱导一旦被用得太多，观众又很容易产生"别卖关子了，赶快说正题吧"的想法。

　　坐在电视机前面的，有从节目开头就开始收看的人，也有从节目放到中间才开始看的人。这两类收视需求很可能完全相反的观众的共存，需要我们思考一种能最大限度同时满足这两类观众需求的节目形式，为此去尝试各种各样的方法就变得很重要。

　　不过也不得不承认，在"非虚构内容"的框架内，"真实感"始终要被摆在首位，"诱导"用得太多，观众的兴趣必定会被削弱。

　　因此，我觉得以下的努力就变得更加重要——我们得找到一种节目的内容形式，能让观众愿意放下手头其他事，目不转睛地一直收看，同时还要找到一种不使人厌烦的手法，能让大家对节目的兴趣始终不减。

25. 穿越时空的能力

持续篇【1 秒也不让人厌倦】⑤把"表现范围"扩展到最大限度

● 本节推荐阅读人群：

· 想创作出让人感受到"浪漫气息和宏大场面"的策划的你。
· 想制作出扣人心弦的传播内容、视频的你。
· 想练就比行家更强的"导演能力"的你。

　　无论在影像还是文字内容中，为了让观众一直保持兴趣满满的状态，我有一条极重视的守则——对两个维度上的"表现范围"保持强烈意识。

　　这两个维度是，三次元的"空间"和四次元的"时间"。

只有时刻带着对"空间轴"和"时间轴"的意识，才能在"宏观"和"微观"的世界之间，纵横驰骋，来去自如。不过，只是寻常地去拍摄、剪辑，可很难达到这个层次。

这是因为事物、空间或时间，都有其最适当的尺度和顺序，技艺越熟练，拍得也就越恰如其分。然而如果不具备打破这些陈规的意识，就很难拓展出在宏观与微观之间来去自由的"表现范围"。

比如，在"城池的大全景"这种宏观视角的镜头之后，一下子切换到微观局部，转到一块瓦片的特写镜头上。

这种巨大的空间转换，定会让观众对你的表现内容惊叹不已。

时间亦同理。想象一下这个画面，3 秒钟的一问一答在持续 4 次之后，第 5 次时，忽然加入长达 10 秒的沉默时间。

"什么情况？"观众看到这里会被立马吸引住。

我能培养出这种空间、时间在宏观和微观上自由来去的审美意识，还都要归功于对中国古诗的接触。

本节传授的"穿越时空的技巧"，在中国古诗中，可以说早已被运用得炉火纯青。

古诗以"对偶""对联"的修辞手法和规则为特征，"对仗"的概念特别强。古诗句表现的内容，对宏观和微观的对比也特别讲究，常常是在两者之间转换得自由自在。

这里以著名诗人陶渊明的《饮酒二十首其五》为例。

结庐在人境，而无车马喧。

问君何能尔？心远地自偏。

采菊东篱下，悠然见南山。★

山气日夕佳，飞鸟相与还。

此中有真意，欲辨已忘言。

看着我标★的两句，请大家想象一下那个画面。一朵菊花，近在眼前。下一个镜头，竟然忽然转至距离遥远的"南山"上。空间上的自由往复，让"闹市中的田园生活"情境，一下子就跃然纸上。

再来一例，李白《将进酒》的开头：

君不见，黄河之水天上来，奔流到海不复回。

君不见，高堂明镜悲白发，朝如青丝暮成雪。

如果把第一句视觉化，我们看到的应该是航拍的视角，恢宏大气的黄河。而紧接下来的第二句，又成了映在镜中的白发老者。

空间从宏观急转至微观，流逝的河水无法倒流回上游，满头华发也不可能变回青丝。此外，这首诗在"时间轴"上也是挥洒自由。"一去不回的河水"与"人的年华老去"，时间流逝与人生苦短两相映照，表现的都是不可逆转的时间。

而且"从青丝满头的年轻人，变成两鬓斑白的垂老之人"，本是要跨越数十年的宏观时间，在诗中却缩短为从"朝"至"暮"的一日之间，把本就短暂的人生夸张得更为短暂。

这首诗对"空间轴"与"时间轴"的自由调度，实在堪称精妙绝伦。再往后读，紧接着的是这样一句承接内容"人生得意须尽欢"。之后，豪迈狂放的情绪渐趋高潮，直至"会须一饮三百杯"才肯罢休。

　　不只是对空间和时间的灵活运用，在梦与现实、常识与非常识之间皆可来去自如的广阔表现力，恰是李白的魅力所在。

　　借助这种广阔的"表现范围"不让人感到厌倦，正是娱乐内容常用的技巧之一，也是让大家对故事始终兴趣不减的一大利器。

　　古诗，就是一种在极其有限的字数和各种各样规则的限制之中，巧妙运用各种修辞的艺术形式。如果大家能从"影像"的视角，重新解读那些教科书上的古诗，定会忽然发现大有所获，并乐在其中。

　　比如，这首只有短短四句的李白的《静夜思》。

　　床前明月光，疑是地上霜。

　　举头望明月，低头思故乡。

　　后两句中表现的"天空"和"地面"，就是摄像机视角的一种极限转换。而且，仔细从第一句读到第四句，你会发现这还是个一镜到底。

　　画面的开始是洒在床前地面上，宛如一层霜的皎白月光，随后抬起头，望到空中的明月，便再一次将视线下移，接下来的最后一句表现的不再是现实世界中的景象，而是瞬移到了记忆中的故乡。而且因为是记忆中的故乡，展现出的就是空间和时间上的双重瞬移。

　　再来看一下李白《秋浦歌其十五》中的第一句："白发三千丈。"简短五字，便将"空间轴"与"时间轴"的一切常识打破。下一句，"缘愁似个长"，着实是令人惊叹之笔，读来感觉淋漓畅快，给我一种相当大胆的视觉冲击。

如果你也想迅速掌握更多修辞、表现手法的话，我推荐先从一本涵盖了李白、杜甫、陶渊明和李贺等伟大诗人的中国古诗合集读起吧。

26. 桑拿的力量

最后篇【1 秒也没有浪费】①沉浸在"原因的体验"之中

● **本节推荐阅读人群：**

· 想靠"一点小心思"让策划案、新品发布影响力倍增的你。

· 新闻报道、视频内容无法打动观看者内心的你。

· 想把个人理解准确传达给他人的你。

在前文《认真对待例行工作的能力》一节中，我曾说过"在这本书里，我会带大家尽量多的、切身体验到我所介绍的各种技巧的妙处"。

这是我在故事创作时很注重的一件事，即竭尽全力地，不去"说明"内容，而是让观看者"体验"内容。

　　无论影像还是文章，都应该做到这一点。我觉得就算用说明的方式呈现魅力，观看者的内心大概也不会有任何触动。

　　譬如，大家就只是听到"××先生此刻正陷入悲伤"这样的说明，心里应该不会产生任何情感变化吧。

　　那么，怎样才能让"说明"变成"体验"呢？这不仅是本节的标题，也是我在整本书中坚持贯穿的主题。

　　我在写这本书时，完全没打算把它当作我要讲授的 32 种技巧的"说明书"。我希望它是一本能让你切身体验这些技巧的"体验书"。

　　因为在思考怎样把我在影像内容中使用的技巧，通过文字来传达，以及怎样让这些技巧的本质深入读者内心，让大家能在各自的领域应用自如时，我得出的最佳答案，就是"体验"。

　　还有一个原因，本节要说的"体验"，也正是我一直在讲的"故事创作"中最不可或缺的技巧之一。

　　桑拿最高潮的快感，来自于最后"浸入凉水浴"的瞬间。为了获得这种快感，人们不惜先去"积蓄要被凉水浴夺走的身体热量"。如果没有开始的"热"的体验，就不会有之后失去"热"的体验，更不可能有最后失去热而获得的"效果"（蒸桑拿的快感）。

　　比如，我们来描绘一个最近刚刚离婚，老婆带着女儿离开家，独自住在三室一厅房子里的男人的真实故事。

　　"我刚刚离婚，再也见不到孩子了。"如果看到一个男人哭着说出这些话，我们的反应至多是"这样啊。"

如果场景换到在家中，一家三口开心地做炒面吃的场面，之后插入旁白"我刚刚离婚，再也见不到孩子了"。

听到这么一句，我想大家也不会立马为之感动，甚至会有点莫名其妙地在心里问一句"什么意思？"

为什么观众会感到困惑？因为大家没法共享只存在于这位"刚离婚的男人"脑海中的"快乐回忆"（过去的体验）。

男人正在落泪。这是因为他正沉浸在离了婚，见不到孩子的失落情绪中。而唤起这种失落情绪的，恰是快乐回忆。

这些回忆就在男人的脑海中，对他来说理所当然，但是，观众们对他的人生一无所知，更不可能知道只属于他的快乐回忆。

因此，即使他哭着说出"我刚刚离婚，再也见不到孩子了"，也无法马上引起观众的情感共鸣，更谈不上把观众吸引到他的故事之中。

这就是我强调过多次，在"非虚构故事"中描绘"市井百姓""无名之物"时，一切都要从跟观众没有"共有知识""共有体验"的前提下开始讲起。

因此，为了让观众能体验到"结果"，先从"原因"开始体验就变得必不可少。

再回到离婚男人的例子，如果我先描绘的是：

·妻子带孩子离开后，女儿的房间至今仍和她在时一模一样。

·从前跟女儿在原宿买下的玩偶，还摆在她房间里的老地方，表情一如既往。

·女儿的写字台上有一只小小的玻璃瓶，那里装着的都是她小时候，我们一家三口一起去海边旅行时收集来的贝壳。

　　·客厅一角，还摆放着女儿小时候写给我的"谢谢爸爸"的信。

　　之后再出现，"我刚刚离婚，再也见不到孩子了"这样一句话，这次感觉如何？

　　如果想要表现主人公再也见不到孩子的伤感，不把只存在于他脑海中的快乐回忆先共享给观众的话，大家就没办法一起体验到他的失落情绪，也就是说，观众无法"沉浸"入故事之中。

　　这种"沉浸感"是吸引观众继续看"故事"的一种技巧，更是为了达到"非常满意地看到最后"的收视效果，所不可或缺的关键要素。

　　想体验"失去"什么的悲伤，就要先体验失去之前拥有的喜悦。反之亦同理。

　　如果想让观众共同体验到考上大学的主人公的"喜悦"，就把考上大学这一"结果"的"原因"，也共享给观众。比如：

　　·为了成为天文学家，从小就开始读的天文类书籍摆满了房间。

　　·小学时的作文里，曾这样写道："长大后，我要成为一位天文学家。"

　　·高考参考书上，满是荧光笔画过的重点。

　　让观众看到这些细节，共享过主人公的学习备考经历之后，再说出结果：得知考上大学的瞬间，喜悦之情溢于言表。

　　就是这种方式。

　　想让人体验到"获得的喜悦"（结果），就要先让人体验到"为了获得而花费的时间之久"（原因①）和"获得之前付出的努力之多"（原因②）。

在共享"获得"的喜悦体验时，为此"耗费""牺牲"（失去）的共享体验，必不可少。

关于故事创作的结构技巧，我们熟知的是"起→承→转→合""序→破→急[①]"。这些技巧的重要性不言而喻，大家想详细了解的话，市面上已经有很多相关的参考书籍。

但是，我觉得如果目标只是创作"能激发人们感情变化的魅力故事"时，原因体验的共享→结果体验的共享，这种两幕式结构，更应该得到创作者们的重视。当然，它跟"起承转合"或"序破急"并不矛盾，是完全可以同时存在的。

关于内容体验的话题，我还有些要说的。首先，请大家回想一下之所以要"共享体验"的目的。

"共享体验"是为了让观众们能够"非常满意地看到最后"，并且下一次还想来收看。电影或文章的话，做到这一步或许就已足够。但是在电视节目中，这后边还需要一步锦上添花的工序——再体验。

再拿出我刚才举过的例子：

·妻子带孩子离开后，女儿的房间至今仍和她在时一模一样。

·从前跟女儿在原宿买下的玩偶，还摆在她房间里的老地方，表情一如既往。

---

① 艺术创作中的一种三段式结构，来自日本雅乐用语。"序"是安排人物出场并奠定基调，"破"是打破序的基调，展开剧情，"急"则是将剧情急速推向高潮，直到问题解决。

·女儿的写字台上有一只小小的玻璃瓶，那里装着的都是她小时候，我们一家三口一起去海边旅行时收集来的贝壳。

·客厅一角，还摆放着女儿小时候写给我的"谢谢爸爸"的信。

·"我刚刚离婚，再也见不到孩子了。"

在讲述完这个故事的节目最后，让我们再一次加入以下的任一场面。

·女儿的写字台上，装满贝壳的小小玻璃瓶。（回顾）……模式 1

·取出存折，对老婆说："你看看这个。这都是我为了咱们女儿以后嫁人时存的，不知道什么时候，我会亲手把它交给女儿……"（"原因"之中，未使用过的场面）……模式 2

再一次加入重点场面是因为，可能在观看节目的观众中，有从半中间才开始收看的。而且，为了让那些从开头就开始收看的观众真正理解"故事"的意图，并进一步提升观看体验，让他们发自内心感叹"幸好看到最后，太好了！"效果最好的方法就是再一次从头开始，回顾那些意味深长的场面。可惜的是，真正这么做的人并不多。

因此我非常推荐能把有象征性的一两个镜头（模式 1），或者前面没用过的原因场面（模式 2），一个就好，插入节目内容的最后。

这样的话，不管是全程收看节目的人，还是中途开始收看的人，都能更充分地获得"结果"的共享体验。

补充

有必要补充一下，本节讲的"共享体验的技巧"，也属于"伏笔"的一种。从以下两个"功能"上来看，会更利于大家理解我所说的"伏笔"。

① 为了给观看者提供"发现的喜悦"而埋的伏笔。

② 为了让观看者沉浸在"共享体验"中而埋的伏笔。

一般情况下，我们能察觉到的伏笔多是第一种，类似悬疑剧中的解谜。而我在本节中讲的属于第二种。

如果大家能清晰地意识到两者的差别，定能创作出体验感更强的好故事。

27. 东野圭吾力

最后篇【1 秒也没有浪费】②靠问"为什么"，去不断深挖行为背后的动机

● **本节推荐阅读人群：**

· 想知道如何掀起受众价值观革命的你。

· 想探寻市场"潜在需求"的你。

· 想理解上司或部下"让人理解不了的行动"的你。

在给大家介绍"让人不会厌倦地持续收看内容"的技巧——"出乎意料的力量"时，我曾强调过描绘"外在"和"内在"面孔之差的重要性。

在"意料之外的力量"那节，具体我是这样写的：

充分认识到所有人都存在"外在社交面具"和"内在真实自我"的两面性。

去深入挖掘描绘"内在真实自我"。

为此，我们需要使用"秘籍"。

而为了掌握这一"秘籍"，还要使用另一个"秘籍"。

这第三点中提及的"秘籍"，即"乍一看可能是负面的内在面孔，也要去深入发掘其中的魅力"。

再之后，我又说到为了掌握这一"秘籍"，还需要另一个非常重要的"秘籍"，我会在后续篇章详细介绍。（诱导②）

诱导②的答案，就是本节要介绍的技巧——让犯人都变得惹人爱的"为什么？"力。在《可以跟你回家吗？》中登场的主人公，绝非都是圣人君子之辈。

· 年轻时太爱玩，把家也玩散了的大爷。

· 难以适应工作，从公司辞职的中年人。

· 热衷于参加夜店聚会的女孩。

· 家里堆满垃圾的大叔。

・在恋爱社交网站上寻找邂逅对象。

・大街上的古怪大叔。

非要归个类的话，可以说其中不少都是负能量角色。那么具体要怎么做，才能挖掘出这些初见负能量满满，或很难被世人理解的 "内在面孔" 的魅力呢？

我们需要的是，心无旁骛地将"为什么？"追问到底的能力。先来说《可以跟你回家吗？》中一位 29 岁女性的故事吧。

我们在池袋遇到她时，这姑娘已经喝得大醉。她手上拿着一罐罐装鸡尾酒，鞋子还坏了一只。

为什么？①

因为心情特别糟糕，就从御茶水一直走到了池袋。

为什么？②

被在网上约好的男人放鸽子了。

为什么？③

平时没有新的邂逅。

为什么？④

目前处于停职中。

为什么？⑤

跟她到家时，父亲和奶奶已经入睡。

两个人的护理，都是她一个人在负责。

为什么？⑥

希望亲自陪伴在奶奶和父亲身边，直到他们迎来生命的最后一刻。

　　为什么？⑦

　　因为很爱自己的父亲和奶奶。

　　问到最后才知道，事情原来是这样。初见时她喝得酩酊大醉，还说在网上约了男人，不管哪一条看起来都负能量满满，但是当我们不断追问"为什么？"并且耐心地去挖掘这些外在表现的理由，最终会发现这位女性给人的印象完全变了。

　　这种方法属于自下而上地回溯她行为的原因和动机，如果把它反过来，按时间轴来看的话，会变成以下这样——

　　非常爱自己的父亲和奶奶。

　　护理太辛苦，不得不暂停自己的工作。

　　但是工作一停，跟社会的联系也就全断了。

　　整日忙于护理家人，很少有外出玩乐的时间。

　　于是，只能靠恋爱社交网站找到新的邂逅对象。

　　出去喝酒大概是一月一次，今天正好是"难得放松的日子"。

　　因此才会对被放鸽子一事特别懊恼。

　　才会从御茶水，一路边喝边走到了池袋。

　　可见，靠问"为什么？"去不断追问动机，我们会发现事情的真相和自己原来所设想的大相径庭。

　　说实话，迄今为止我对使用恋爱社交网站的人一直抱有偏见，但是听了这位女性的故事之后，我过去的价值观瞬间动摇了。

　　这就是为了挖掘"出乎意料的力量"，对于乍一看可能是负面的内在面孔，也要去深入发掘其中魅力时要用到的另一个"秘籍"（诱导②），即靠问"为什么"，去不断深挖行为背后的动机。

当我们对人类的一切行为追究动机时，大多都逃不出人人都有的普遍情感。

再说《可以跟你回家吗？》中的另一个故事吧，在涩谷街头，我们遇到过一位举着"请跟我结婚"牌子的50多岁的大叔。

单从他的"外在"来看，纯粹就是个"大街上的古怪大叔"。但是，当我们再次带着"为什么？"去深挖动机时，对他的印象也突然改变了。

为什么想结婚？"因为90多岁的父母想抱孙子。"

那又是为什么？"我年轻那会儿是在年级里当班长的好学生，高考也考进了关西大学。那时候父母特别疼爱我，把我当成他们的骄傲。但是30多岁时，我忽然变得没法继续工作，曾经那个让他们骄傲的儿子也就渐渐消失了。"

为什么不再是让他们骄傲的儿子了？

"我之前的工作是给政治家做秘书，选举期间，曾被上司要求做一些违法操作，不过最后，我并没有照做。尽管如此，我还是接受了检察院的调查，身边的同事接连被捕，只有我一个人没事。但是，认识的同行们反而来质疑我，'为什么你没做呢？'此后又遭受了不少冷遇。我心里越来越怕，有一段时间实在没法好好继续工作。"

但是，为什么要用举牌子的方法征婚呢？

"我的牙齿一直特别不齐，感觉很自卑，也没法自信地跟女性交谈。因此我就琢磨着有什么方法，可以在征婚时不被看到牙呢。想到上街举牌子这招时，我觉得这对我来说也算一种进步，于是就坚持这么做下来了。"

　　大家感想如何？开始以为这只是大街上的一位古怪大叔，但是细聊之后，才明白他举着"请跟我结婚"牌子的理由原来是：

　　出于对父母的爱。

　　"想被父母肯定"的心情。

　　这种心情又来自于"在职场中遭受过不公待遇"。

　　以及对自己长相的自卑。

　　这其中的任何一个动机，其实都是我们多少也经历过的普遍情感吧。

　　那些被视作负能量的"内在自我"，那些难以被他人理解的独特但"真实的喜好"，只要不断去追问"为什么"，我们深挖到的深层动机，多是以下这些世人皆有的情感——

　　·对父母的爱　　·对父母的厌恶　　·想走桃花运

　　·对子女的爱

　　·童年时期未被满足的缺失感（比如在单亲妈妈家庭中长大，缺乏父爱）

　　·外表上的自卑　　·饥饿　　·缺乏自信

　　·不被他人认可　　·对死亡的恐惧

　　·对疾病的恐惧　　·嫉妒　　·其他

　　从"根本欲求"出发，人类的个性（内在面孔）就如树形图一般，衍生出多种多样的支线，进而呈现出的也是多种多样的外在形态。

　　比如这众多细小支线中的某一条上，呈现出的是"恋爱社交网站""举着牌子征婚"，甚至是"婚外恋""争吵"这样的形态，但是顺着这些支线回到源头，其实是人类共同拥有的欲求。

　　我们在评价他人时，往往要经历下图的几种阶段。

　　如果能从负能量的"内在"中，挖掘出值得传达给他人的魅力，观看者们的评价也会从最初一无所知时的拒绝、攻击，转变为理解、认同。这样的"价值观革命"，正来自于"出乎意料的力量"。

　　不过说实在的，以上这些不过是我的个人见解。我只是觉得，对于那些被说闲话、被贬低，有时也真的犯了错的人们，如果我们的社会只会带着无法容忍的态度去批判、轻视他们，这样的人世间就真的太过沉闷乏味。

【高评价】

① **同化**　对方已成为自己的努力目标、行动范本
② **支持**　并未被同化，但想去支持对方
③ **共感**　虽然自己不会做相同行为，但在内心持支持态度
④ **认同**　还达不到去支持的程度，但能认同其存在
⑤ **理解**　虽然说不上接受，但能理解
⑥ **拒绝**　很难容忍其存在
⑦ **攻击**　无法容忍其存在，甚至加以攻击

【低评价】

　　"为什么，要那么做呢？"如果，大家能对他们行为的真正

动机产生些兴趣，不去肯定也可以，哪怕只是稍微地尝试去理解，对人、对己、对我们的社会，不都是一件难得的好事吗？

我觉得只有愿意问出"为什么？"让相关人士和整个社会都能直面那些负能量行为的"动机"，才是解决问题的捷径。

以上说明的情况都是基于非虚构内容，我想在虚构创作中，那些充满魅力的作品早就做到这一点了吧。

不久前，我跟一位导演聊天的时候，他跟我说他特别喜欢东野圭吾。出于一直以来的工作习惯，我回问了"为什么"。然后，那位导演这样回答道：

"东野圭吾的作品中，即使是犯人，也有合理、充分的犯罪动机，因此连犯人都很'惹人爱'。"

原来如此，正因为作者把犯人的动机也毫无保留地描绘了出来，读者才会对他笔下的犯人形象的成功塑造都抱有无奈的"好感"。

我非常认同这种做法。对任何事物都带着"为什么？"去探究的话，就会发现动机一定来自于人性深处共通的某种感情。因此在《可以跟你回家吗？》中，除非是犯罪行为，只要是主人公难得流露出的"内在一面"，我们绝不会对其做任何评判。

我们要做的只是问出"为什么？"然后侧耳倾听，并送上"顺其自然"这样的声援。因此，在节目的最后，我们播放的结束歌曲就是 *Let it Be*（顺其自然，现在这样就很好）。

第五章 深入人心的"深度内容"的创作法

——让更多人产生"这节目我还想看!"的念头

28. 多重目标的力量

让"广度"与"深度"并存的绝招

● 本节推荐阅读人群：

· 想拥有"忠实粉丝"的你。

· 想让视频、新闻报道内容变成热门话题的你。

· 有不为人知的"想实现的价值"的你。

如果再继续讲解一本正经的技巧，我想大家也看累了，这一节就换点轻松的世俗话题，一起来休息一下吧。

我之前做过的节目《减重日本》，非要归类的话，可以算赞扬日本的类型。但正因如此，身为节目制作者，我时刻提醒自己不能一味地表现日本的好，要注意保持内容的客观性。不过，观众们可以无所顾忌地收看"礼赞日本的电视节目"，毕竟日本确实有其出众之处。

但是，我觉得在收看节目时最好带着点儿自觉自知，留心自己的思想倾向会不会因为礼赞节目看得越多，而变得越激进。

但是！重点要来了，大家可能已经有所察觉。我说的这些注意事项，谁都不喜欢听吧。我自己也是，看电视本是为了放松，如果忽然被说教，我只会选择马上换台。

所谓综艺娱乐节目，让人看了哈哈大笑就足矣。如果观众之中的一小部分人能看出深意，解读出藏在节目内容里的深层信息，我们的目的就达到了。

以上，就是"多重目标"的思考方式。也就是说，"为了放松精神而看电视的人，把节目当作综艺档收看就好"，但是，"想挖掘更多看点的人，也能体验到进一步的收视乐趣"。

电视的受众之中，包含了各种各样的观众层。性格、收入、学历、年龄……观众们的各项特征都不尽相同。每一项中都有"差距"存在，这也正是"大众"的特征。

比如性格，就有"看个高兴就行！"的娱乐派，和"想获取有用的信息"的学习派。

学历呢，既有"中学刚毕业"的 15 岁高中生，也有"东京大学毕业，进入麦肯锡等国际名企就职"的人。

单是高学历这一点，有法学专业出身，也有理科专业出身，专业不同，掌握的知识类型就各不相同。收入上，从吃低保的人，到年收入上千万日元的人都会收看电视。电视观众真的是形形色色。

考虑到各类观众的接受程度，电视台选择的题材往往都比较容易理解，就因为这种表象，去批评电视是水准低的媒体，可真是冤枉电视。

倒不如说内容水准的高低之差，恰是电视的过人之处。这关系到电视的真正魅力，以及我希望通过电视这种媒体实现的个人价值，具体内容稍后详述。

总而言之，能从这些性格、收入、学历、年龄等特征各不相同的人中，尽量多地吸引观众的战略，就是"多重目标"。既包括只有能看懂的人才看得懂的内容，又不妨碍"不想了解那么深入的人"欣赏节目，才是"多重目标的效果"。

最理想的状态是，需求层次可以循序渐进地深入，最终使观众产生"还挺有深度"的观后感。

如此，在一个 VTR 中，我们会埋下不同层次的内容，吸引观众一层层深入欣赏。这就是我要教给大家的"多重目标"手法。

在《可以跟你回家吗？》里，有各种各样埋得更深的内容层次，举一个比较好理解的"字幕"的例子吧。

在一段 VTR 的预告字幕中，用到了"墨西绮谭"这个词。这段 VTR 讲的是，在上野经营着一家河豚店的男性对妻子的思念。

妻子年轻时曾是神田川和隅田川交汇处花街柳桥里的一位艺伎，两人在深夜的浅草桥车站坠入爱河，又在上野公园不忍池畔的精养轩约会并定下终身，之后的 40 余年中，夫妻俩一直相互扶持，共同经营着这家河豚店铺。

有一幕的下方文字是："我们跟随在秋叶原站遇到的宫下先生一起回家……他即将向我们讲述的，是在上野与妻子相濡以沫 45 年，属于河豚料理人的墨西绮谭。"

若用一句话总结他的人生，我首先想到的就是永井荷风的《墨东绮谭》，于是模仿创造了"墨西绮谭"这个新词来介绍他的故事。

这个故事的主人公，看着如今已经完全变样的街景，讲述着自己回忆中的点滴,这点让我印象特别深刻。正是他讲话时的感觉,让我想到了永井荷风的《墨东绮谭》。

喜欢描绘江户风情消失后的东京街景,并对花街充满爱意的永井荷风,就是在隅田川东岸写下了《墨东绮谭》的爱情故事。

而节目中这段 VTR 的舞台恰在隅田川西岸,我便改动一字,让标题变成了"墨西"。

这个字幕,其实只会出现几秒钟。为了让不了解"墨西绮谭"出处的人也能明白这段 VTR 的大意,我在第一行的字幕处做了大致说明,这样就确保了所有观众都能看懂故事简介。

但是那些熟悉永井荷风《墨东绮谭》的观众,就能更深入地品味到 VTR 中的风情韵味。这样的话,达到了一定需求层次的观众,应该还能从节目中品味出更多一层的深意。

事实上,这期节目一经播出,在 Twitter 等媒体上,就出现了提及"墨西绮谭"出处的观众。

不过千万要切记,这种内容深度上循序渐进的安排,最终目的是为了让所有的观众都能获得收视乐趣。这样我们的努力才会事半功倍,节目整体的深度才会逐渐提升。

以上就是"多重目标的力量"。

另外,我还要强调一次。大家在看电视时完全不用思考得这么深入,只要笑着守在电视机前就好。然后在此基础上,如果能再稍微深入一点,品味到主人公的人生故事的话,便足矣。

再深层的内容,就要依靠有深度收视需求的观众去自行探索。

在使用多重目标时,还有一个必须要注意的地方,千万不要出现让观众看不懂就没法继续看下去的信息点，更不能让观众的心理因此受挫。正如我之前用过的例子：

"每次从图书馆借的书里，借书卡上总会出现同一个名字，不久后又在其他场合听说了这个名字，这才发现两个人居然在同一所学校，这种偶然的相遇跟带着强烈的目的性去参加联谊会相比，更具吸引力。"

即使大家不知道它出自动画电影《侧耳倾听》，也并不影响继续阅读。

不过，马上想到出处的读者，兴许会开始推测我的真实个性，"啊，这个作者喜欢《侧耳倾听》啊，看来他上中学的时候肯定不受女生欢迎，所以才会一直琢磨这本书里的这些事呀"，发现了一点本书主线之外的小乐趣。

其实我在前文中已经多次提到过《侧耳倾听》，这种小铺垫也有助于读者能马上明白我要讲的内容。

综合这些细节，便能隐约窥见作者的意图。把这些作品放在一起看一看，去思考它们彼此之间是否潜藏着共通之处，如果有，具体又是什么呢。

能意识到这一层的读者，就具备了"采访必备的观察力"，而且这些细节本身并不会影响全书的主线阅读，我只是通过编辑技巧做了暗示，供感兴趣的读者做更深度的解读，这使用的也恰是本节讲的"多重目标"的手法。

如果能看懂这些细节，也就掌握了更具"深度"的欣赏电视节目的方法。

同时,这些意识到电视"更深一层含义"的观众,会变得特别想把自己发现的东西"告诉其他人",从而引发话题热度。

其他行业也同理,只要是想拓宽受众层,让更多的人能看到自己公司的推广宣传、网络报道等内容,并且产生"幸好看到了"的观后感,"设立多重目标"是非常有效的一招。

补充

本节讲的"多重目标的力量",除拓宽受众的效果之外,从另一个视角来看,还有一个重要作用,它也是帮创作者实现"完全自由地表达"的唯一手段。

无论是电视,还是杂志媒体,即使是自由记者,只要有利害关系存在其中,就不可能在所有题材上都实现自由表达。

但是,使用"多重目标"中的"暗喻"手法,这种不可能也可以变为可能。表面上看是在描绘完全不相关的事物,事实上却是对其他事物的暗示。

很久以前的文学、绘画作品,就已经擅于使用这种技巧了。譬如,芥川龙之介在《枯野抄》中,描绘了松尾芭蕉的弟子们在师父临终之际还不为所动的故事。

但事实上,有人提出这是芥川龙之介对自己非常敬爱的同时代作家,夏目漱石及其弟子的隐喻。由于两人生在同一时代,这一话题又很难直接描写,为了能在权力之下也实现完全自由的表达,芥川便使用了这一手法。

江户时代中期的画家英一蝶的画作《朝妻舟图》,表面看是在描绘从"柳树下"起程的"艺伎"，但据说，柳暗指的是当时的将军德川纲吉颇为重视的亲信柳泽吉保，而艺伎则代表了柳泽吉保的女儿，整幅作品是在讽刺柳泽吉保为了赢得德川纲吉的宠爱，不惜把自己的女儿奉献出去。

在江户时代，一切批判上层权力社会的艺术表现形式都被明令禁止，于是创作者们只能使用暗喻来表达自我。

不过，这种"完全自由地表达"，在一定程度上还要依赖于受众的习惯程度。这种沉默的相互理解关系一旦形成，在"非常状态"来临时，暗喻将变成强有力的传播武器。

29. 肯定自我欲望的能力

"恰到好处的疯狂"才能吸引观众

● 本节推荐阅读人群：

· 想创作出只有自己能做出来的策划案、内容的你。

· 想在公关、销售等岗位上，认真应对"人性不完美之处"的你。

· 想在工作中追求"自我存在价值"的你。

辛苦各位读到了这里,上面的内容实在有些长了对吧。

认真读到这里的朋友们,我想应该有所体会——那些真正深入人心的好作品,"总是有点疯狂"。

众人称赞的人或物身上,一般总有那么点异于常人的地方。

宫崎骏每制作一部电影作品,都会亲笔手绘上千张分镜,累到每完成一部作品,都要发表一次"引退宣言"。他还亲口说过"每次完工时都觉得自己的自主神经功能已经彻底紊乱"。

我想这些都是他的真心话,因为在创作每部作品时,他的每一根神经都在全情投入。在《起风了》中,一个仅仅占用4秒钟的关东大地震中人潮混乱的场面,就耗时1年零3个月才制作完成。实在是疯狂。

还有曾为黑泽明导演做过场记[1]的野上照代,在她所著的《等云到》一书中说道:"为了等到自己理想中的拍摄天气,黑泽明会停下一切拍摄工作,只为了等一朵云的到来。"实在是太疯狂了。

新海诚的成名作《秒速5厘米》。请大家来看看它播放结束时的演职人员表吧!

导演　　　　编剧　　　　原著　　分镜绘制　　演出[2]
人物原案　　美术导演　　色彩设计
摄影　　　后期剪辑　　3DCG制作　　音响导演
全部＝新海诚

---

[1]　在电影拍摄现场,对每一个镜头的内容、长度进行详细记录的工作。

[2]　日本动画制作中特有的职称。类似于副导演,需按照导演意图,协助掌控各个制作环节。

看完这个我脑海里只有两个字，"疯狂"。因为太过疯狂，给我的冲击力太大，以至于电影原本跟我们电视台业务毫无关系，我却想都没多想地跑去拜托新海诚，"请让我在电视上播放你的电影！"那还是《你的名字》之前的作品都尚未公开的时候，因此，第一个播放新海诚的《秒速5厘米》等作品的电视媒体，就是我们东京电视台。

此外，为了在电影放映之后播出一段独家内容，完全是出于个人兴趣，我去实际采访了一次新海诚，最大的感悟就是，他对细节的讲究简直达到了魔鬼级别。

《秒速5厘米》的剧情说简单了，就是男女恋爱的故事，然而两人所处的时间段不同，男生和女生哪个人走在前，哪个人走在后都大有讲究。男生走在前，女生在后追赶的时候，也是他们当时恋爱关系的一种体现，换做女生走在前面，则是暗示了此时变成男生在追求女生。

不过，请大家想象一下。假设，此时你正在车站等电车，身边突然出现一个开始大声喊叫，还跳起舞的怪人，任谁都会一直盯着他看吧。

人们疯狂起来的样子，确实拥有引人注目的魅力。所以自古以来，那些真正疯狂或者看似疯狂的人，都被当作"神明"，供奉在日本各地。就比如宫崎骏被奉为"动画之神"，黑泽明被奉为"电影之神"。

但是，我等凡人，并不需要像他们那样疯狂。也不能真的疯狂到那种地步。这些人都是真正的天才，我们不必拿自己跟他们比较。

我们需要的只是，"疯狂到恰到好处的技巧"。这才是每个人都学得会的重要的故事创作技巧。那么，我所说的"疯狂"究竟是什么意思呢，咱们先从它的两个构成要素看起吧。

首先是非比寻常的"热情"。关于这一点的恰到好处，是指要在"最大能力范围之内"去一决胜负。其中的一大利器，是我在本书中已经传授给大家的"打破时间平衡的能力"。

但是话说回来，打破现有时间分配的平衡，挤出时间用来学习新的工作技能，让人如此努力的"动机"又是什么呢？

这就要说到疯狂的另一个构成要素，"欲望"。即去实现自己热情创作的"自己想做的策划案"，或是去发现自己愿意为之付出热情的"自己想做的工作"。

这看起来可能难度挺高，但其实特别简单。重点是"升华"二字，一是肯定自己的欲望，二是让这种欲望升华。

其实，我们自己的欲望中，不只有"自己想做的事"这种"利己主义"，"别人想做的事"，即"潜在的需求"也可能存在其中。

前者"自己想做的事"，可以成为我们热情的重要来源。而在后者"别人想做的事"中，我们才能找到让"自己想做的事"的纸面策划真正落地执行的线索。也就是说，单靠"自己的欲望"无法成就任何事。我们必须让欲望经历"升华"的过程。

这种"欲望的升华"，正是本节要讲的"肯定自我欲望的能力"。那么，"肯定欲望的能力"又是什么意思呢？

下面，我会带大家看两份我做《可以跟你回家吗？》的思想流动，细细看下去，各位将体验到一个完整的升华欲望的过程。

首先来看我写的第一份策划书吧。

【30 分钟特别节目】

向深夜中的男人们发出请求的综艺节目

请让我们见见你的太太

（暂定标题）

在新桥、九之内、新宿街头……

到处都是刚刚结束工作的白领

向他们发出请求："请让我们见见你的太太！"

获得许可之后，跟随这位丈夫一起回家

▼在家等待的妻子到底是大美人，还是相貌平平？

▼是性感，还是朴素？

▼喜欢的睡衣款式是什么样呢？

看着眼前答应跟拍请求的丈夫，想象着还未见面的太太的模样，直到来到他的家门前。门的背后，出现的究竟会是怎样的一位女性呢？

看到这儿，观众绝不会换台！

【节目概要】

■ 播放形式：外景 VTR＋嘉宾观看 VTR 的简单结构

■ 人员分工： ●边看 VTR 边期待着人妻登场的艺人 1 组

　　　　　　 ●跟白领沟通 & 跟拍回家的拍摄人员

跟现在的节目形式还相差甚远吧，估计只会让人以为这是我在欲求不满时写下的"有病的"策划书。但是我并不怕大家这么想，因为当时的真实想法就是好想看看"深夜里别人家素颜的妻子到底好不好看"。于是我把这些点子写进了策划书，就算被领导"打"也在所不惜。

不过，就算我再怎么想做这样的节目，我所在的东京电视台还没有疯狂到会通过这种变态策划。

确实，不说我也明白，这内容太不合适。所以我得开始改善这个方案。从这里开始的过程，就叫作"升华"。

仔细想想，我一直很想看"素颜的别人家的妻子"，但这到底是为什么呢？反复思考之后，我得出了结论，真正让我充满期待和好奇的是，毫无防备的"深夜中的个人空间"。

经过这些思考之后，我的第二份企划书终于诞生了。

【特别节目策划书】

采访深夜中一般人家的纪录节目

可以跟你回家吗？

（暂定标题）

制作局 高桥弘树

【策划意图】

在新桥、新宿、六本木等繁华街道中，

或中央林间、三鹰、津田沼等电车终点站……

每个夜晚，这里都有很多错过末班车，束手无策的人们！

节目组将向这些无处可去的回家难民伸出援手。

但有一个交换条件……

我们来付出租车费……

"可以跟你回家吗？"

这档节目的初衷——

采访＆深入"市井百姓"之家，完全聚焦普通人的综艺节目

错过末班车的人们身上，都藏着什么样的故事呢？

被我们搭话的陌生人中，不知谁会答应我们请求的期待感，突然袭击毫无待客准备的普通人家的紧张感，这正是我们节目的表现重点。

新桥、池袋、东京、中目黑、新宿、银座……

地点不同，错过末班车之人的个性、住所也会各不相同！

前所未闻！

探访深夜中一般人家的纪录节目即将诞生。

末班车停运后的车站前，节目组帮忙支付回家的出租车钱，作为交换，允许我们跟拍你直到你回家，深入采访真实的生活！

节目的具体流程如下。

①班车停运后的车站前，外景拍摄开始

末班车停运之后，行人变少的车站周边，我们将主动向那些失去去处的人搭话。

"需要我做什么？"

"我们帮你支付回家的出租车钱……可以跟你回家拍摄吗？"

错过末班车的都是些什么样的人呢？

讨厌的事？开心的事？悲伤的事？

这一天，他们一定有些特别的经历……

喝酒喝到错过末班车的理由到底是什么……

平时的生活又是什么状态，我们也想去看看！

应该向谁搭话？对方会接受我们的拍摄吗？

这种一切皆是未知的紧张感，正是节目看点之一。

②出租车上的采访时间

跟随答应我们"可以一起回家"的人，乘上前往他家的出租车。

在车上，我们将开始了解他的"职业""家庭状况""生活烦恼"等私人生活，了解得越多，对于进入他家的期待感也会随之高涨。

③抵达受访者家中！

绝对想不到这个时间点会有陌生人来自己家的妻子或家人，在我们进门的瞬间也绝对没有再去收拾房间的工夫，整个家将是毫无防备的最真实状态！

这正是我们想在节目中展示的"真实感"！

可能遇到收拾整洁的家，也一定会有乱糟糟的家……
不好意思被外人看到的东西可能正好从哪儿掉出来……

每一个人"想窥探别人家的兴趣"将被刺激到极限！

推开家门，出现在我们面前的或许是位没化妆的人妻。等待我们的家，可能是已经建成40多年有些老旧的房子，也可能是崭新的高层公寓、独幢楼房、住宅小区、平房甚至地下室皆有可能。作为支付出租车费的交换，我们将彻彻底底地拍摄到市井百姓家中的真实样子。

跟拍回家的目的只有一个！
"想探究普通人家的样子！"我们的工作人员将不做任何准备和调查！

"真的能见识到别人的家！"的期待感

"街上偶遇后马上跟拍回家"的紧张感

错过末班车,在深夜的大街上徘徊的人们

跟着这些人回到他们的家

在那里将有超乎我们想象,普通生活中不普通的经历

无论是谁,都会有属于他的"人生故事"!

"普普通通走在街上的人们,各自有并不普通的精彩人生"

这就是我们想在节目中展现的魅力!

采访深夜中一般人家的纪录节目

敬请期待!

【策划概要】

播放时间:周一 23:58~24:45(2014 年 1 月共 4 期)

节目形式:外景(+演播室收录)

主持人:未定

这一版就已经非常接近现在的节目形式了。

在之后的实地外景拍摄中,我在第一章讲过的"即兴纪录片"的手法便渐渐定型,第二、三章中讲的"故事创作的形式",也在反复试错中最终确定,才有了现在的节目形态。

这就是我将个人愿望,与电视台要求或者说社会认可的形式进行磨合之后,将其升华为合格的节目策划的过程。

正是这样的策划案,才会让创作者愿意付出几近疯狂的热情,

是"自己真正想做的策划"，更是"对自我欲望的肯定"。

　　也只有从这样的策划案中，才能诞生出由创作者的欲望支撑的"内容深度"。

　　用图表来说明这一策划过程的话，将如图所示。

　　自己想做的事"A"，要怎样才能贴合上消费者的需求"B"，在此基础上，又要怎样充分利用自己公司的强项"C"。关于这些问题的思考，就是我们身处组织之中，创作出愿意让自己倾尽全部热情的"最完美策划"的过程。

　　A= 单纯的"自己想做的事"，还无法成为适合消费者观看的娱乐内容。这不过是自我满足，是艺术表现。

　　C= 只知道贴合"受众需求"的策划，不会拥有独特个性，更不会有任何有趣的看点。

　　B= 只展现"公司的强项"，就会变成脱离受众需求，只在公司内部被认可，没有市场的策划。

　　满足了 B 和 C 的话，电视节目（= 商品）便得以成立。但是，想做出更加"深入人心"的内容，就必须再加上 A，三者齐备才能打造出最完美的策划。

　　此外，要想把 A 打磨成真正的策划，我这里还有两个诀窍：

　　① 经历"最初的欲望→升华后的欲望"的形成过程。

　　② 但是，不能升华过度。

最完美策划的思考方法

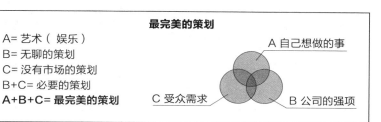

最完美的策划

A= 艺术(娱乐)
B= 无聊的策划
C= 没有市场的策划
B+C= 必要的策划
A+B+C= 最完美的策划

A 自己想做的事
C 受众需求
B 公司的强项

升华后的"欲望",不仅能成为自己付出热情的原动力,也能创造出新的收视需求。这一招可不只能吸引拥有共同兴趣的小众,而是能让更大范围的大众都产生兴趣。

30. 热爱不幸的能力

胜利属于懂得享受逆境的人

● 本节推荐阅读人群:

· 想创作出绝对能"打动人心"的内容、策划的你。

· 身处公关、销售等岗位,想感动他人的你。

· 想弄明白"艺术和娱乐为何存在?"的你。

让我们来继续前一节的话题吧。

①想成为能够激励"身处困境之人"的媒体

这一想法，始自我在大四那年，住进了东京江户川区小岩地区强制收容所的经历。也许大家会疑惑，没犯罪怎么会住进限制人身自由的强制收容所呢，但是真的有这种地方。

日本有一项除参与犯罪、警察介入事件之外，唯一需要由行政机关限制市民人身自由的法律的存在。

那就是《结核病防治法》①。直到不久之前，其实有《癫痫防治法》和《结核病防治法》两项法律，但是后来经证实，癫痫（羊角风）在日常生活中并不会传染，于是只剩下结核病患者需要强制入院。

这也是没办法的事，谁让这病会传染呢。

不过在如今这个医学发达的年代，结核病还不至于要了我的命，平时的生活中我也不会再想起这件事。现在还能把它当作写书的素材来用，我还觉得挺幸运。

而且因为正冈子规，还有宫崎骏的作品《起风了》中女主角得的也是肺结核，我甚至觉得自己得的病还挺不一般。

不过，生病那段时间我刚刚 20 岁出头，精神上着实承受了不少痛苦。要说"结核病"的痛苦之处是什么，我觉得就是这个疾病独有的"疏远感"所带给人的"自我否定感"。

---

① 2007 年，合并入《传染病法》。

确诊之后，我很快就会被隔离，而且因为家人、亲近的朋友也可能被传染，所以他们还要被迫接受检查，甚至会被问"病人使用过的餐具都扔掉了吗……"

一旦进入隔离大楼，就会被禁止外出。家属来探望时，也必须戴着娜乌西卡[1]那样，一呼吸就会发出"咻咻"声音的特殊面具。害得我都想跟他们说，"实在抱歉，不用来看我也没关系"。

身为一位曾经的肺结核病患者，我想大胆地表达一下自己当时的想法。我感觉自己好像变成了细菌，可能会传染到你身上，实在抱歉。就是这种心情。

那时候我才 20 岁，正是最憧憬恋爱的年纪，但身为"细菌"，当然不可能跟喜欢的姑娘接触、不能走出收容所，喜欢的美食也吃不到，我什么都做不了。

但是在那样的时期里，给我心灵带来莫大支持的正是电视。

当时 NHK 电视台正在播大河剧[2]《武藏》，也因为我那时还是个人生阅历尚浅的笨蛋，只要听到市川新之助扮演的主角武藏毫无根据地说出"我啊，无人能敌"的台词，就感觉内心受到了莫大的鼓舞。当时收获的真实感动，也成为我开始关注电视这一媒体的契机。

不能外出，不能恋爱，也不能吃想吃的东西，在这种状况下还能被鼓舞，电视也太厉害了吧，这才是真正的摇滚精神，尽管

---

[1]　宫崎骏动画电影《风之谷》的女主角。

[2]　日本 NHK 电视台自 1963 年起，每年制作一档，连续播出一年的连续剧的系列名称，主要是以历史人物或是一个时代为主题。

我并不是个摇滚乐爱好者。

因此如今我在制作电视节目时，总会带着"要成为能激励身处困境之人的媒体"的视角去看待这份工作。

当然每次都把这种想法摆在首位，也会使人厌烦，这种欲望不能次次用，也不宜表现得太强烈。不过，"想创作出不经意之间能给人带去激励作用的内容"，这种想法始终伴随着我。

回想还没有什么值得一提的人生经历的 20 岁，那时因为时常在担心会不会被他人另眼相看，还有找工作的时候又会不会因为体检暴露病史，而丢了工作机会，我成日过得战战兢兢。

电视台的录用考试中，我对生病的事只字未提，进台后的很多年里，也难以完全地敞开心扉。

因此，当年在陈述求职动机的时候，我也没有吐露自己真正的求职动机，而是说了"想制作关于明智光秀的电视剧"，被世人称作"逆贼"的光秀，真的是个叛徒吗？我很想展现出他充满魅力的一面。还有他到底为什么发动了"本能寺之变"，我想更深入地挖掘他的动机，重新审视这位历史名人。

身处逆境、背负困难的人都怀揣着什么样的心情在生活？如果他们采取了某些行动，又是出于什么样的动机呢？这些是我最想去探究表现的东西。以上，就是我阐述求职动机时的主题。

其实在"东野圭吾力"那一节，我已讲过这个话题，那么这次就算是为大家强化记忆。

而且仔细想想，"细菌→明智光秀"，我的求职动机的升华过程，放到"策划"中，就跟我刚讲的欲望的升华过程一样。

② 想去描绘那些不被人关注之物的魅力，以及生活中容易被忽略的微小魅力

大家初看我的标题时，或许以为我要讲什么不得了的经验，其实，不过就是个肺结核，不算多严重的病，也不会要人命。因此，当年住进隔离大楼后，我很快就享受起了那里的生活。

首先，同为被隔离起来的病友，大家的关系很快就拉近了。那里有 30 多岁的年轻人，也有 50 多岁的中年人。有住进来不久就去世的，也有不顾医生禁止，一个劲儿喝酒，俨然放弃治疗的病房老人儿。大家的职业和人生经历也各不相同。因此，听大家聊起各自人生故事的那段时光，对我而言是非常愉快珍贵的回忆。

每一天我们准时 6 点起床，吃过早餐后会睡个回笼觉。天气好的话就去庭院里，跟一只一直住在这里叫"巴黎"的小猫玩，大家闲聊着"今天午饭会吃什么呢"，时间就飞快地过去，然后是午餐时间，再是午睡。

傍晚还是会去庭院里跟巴黎玩，在聊着"晚饭吃什么"的话题中，又一起迎来晚餐时间。吃过饭后，大家会聚集到公共病房里，一起收看当天的夜间棒球赛。

我记得那时候每天都盼着吃饭时间的到来，每一餐也真的很美味。因为正好挨着新中川河畔，我在病房里就能看到在河堤上走过的学生，其实那只是很寻常的光景，但在那时的我眼中，他们个个看起来都特别快乐，每个人身上都闪着耀眼的光。

那种情景，远比我如今恢复自由身，坐在六本木咖啡厅的落地窗前所看到的霓虹夜色和快乐的情侣更加美好。

身处隔离医院的那些日子，身边微小的日常细节都变得独具魅力。那些我触碰不到，但在医院之外的人看来平淡无奇的日常瞬间，在当时的我眼中都散发着不同寻常的魅力。

普通的人，普通的生活，其中却藏着并不普通的真正魅力。

这些正是后来我写进《可以跟你回家吗？》的策划书中的策划意图。

我记得，因为当时每天要吃很多药，深夜去上卫生间，第一次发现自己尿出来的是鲜红的液体时，我还真是吓了一跳，后来虽然频繁出血，但也都逐渐适应，除此之外的生活，真的都挺快乐。

结核病有一个表示结核菌的感染程度，即结核菌致死可能性高低的计数用语，叫"加夫基号数"。刚进隔离医院的时候，大家的情绪都很低落，但不知何时起，人们对这项检测指标的态度就变成了："加夫基号数高的人好厉害啊。"久而久之，它甚至成了大家的乐子。

"听说老森的加夫基号数是 10 啊，太厉害啦，我才 1 啊。"譬如这种闲谈。数值高的人宛如监狱里管理新犯人的老囚犯似的，给人一种老手的感觉。不过有时无意中就听说他们中的谁死了，其实还挺恐怖的。

人类啊，无论身处何种逆境，总能找出乐子，对此我深有感触。就算处境再不如意，也会找到属于自己的快乐和幸福，乐观地享受人生。

《可以跟你回家吗？》的主题也正是如此。我想这段隔离体验，也给节目制作贡献了一份力量吧。

这里就要说到本节的主题，在创作中不可忽视的就是"热爱不幸的能力"。即使身陷逆境也能享受其中，我觉得这是人类与生俱来的能力。因为跟我一起住在隔离医院的病友们，看起来都很快乐。

不幸的大小，对我们的影响并没什么不同。重要的是，我们能否敏锐地去观察自己的境遇。

之前在讲古诗时提到过的李白，杜甫有一句评他的诗句是"文章憎命达"（出自杜甫《天末怀李白》）。李白的诗文之所以出众，是因为他遭受了不幸。从事创作的人，必须去热爱不幸。说的大致就是这个意思。

李白真的是一位从日常细小事物中发现"魅力"的天才。不过是看到落在床前的月光，他就能怀念起故乡，动情到几近落泪。

还有《月下独酌》一诗。

花间一壶酒，独酌无相亲。

举杯邀明月，对影成三人。

月既不解饮，影徒随我身。

暂伴月将影，行乐须及春。

我歌月徘徊，我舞影零乱。

醒时同交欢，醉后各分散。

永结无情游，相期邈云汉。

将漫画《足球小将》里那句"足球是朋友"的名台词回溯到1300多年前，李白早就通过诗句发表了"明月是朋友""影子是朋友"的大声宣言，这堪称"热爱孤独领域"中的里程碑式名言。

这首诗中，没有发生任何事件，登场人物也只有诗人自己。真的只是对"一个人喝酒略感寂寞"这种超级细小的日常瞬间进行的描写。

但在李白笔下，寂寥的独酌，竟然演变成跟明月及明月映照出的自己的影子，这三人的共饮。月亮随着时间流逝，变换天边的位置，李白却说它是乘着自己的歌声，在徘徊摇摆。地上的影子也是随着诗人自己的一举一动才会变化，他却说随着自己的舞步，影子也跟着起舞，引得李白心情大好。最后，喝醉、散会，再留下一句"我们的友情永远不变"。

能写到这种境界，他何止是天才。李白固然是天才，但能从床前的月光、一个人喝酒这种小事上感受到无与伦比的魅力，还要得益于他"敏感体质"的支持，即杜甫所说的"热爱不幸的能力"。

但是，请大家记住"文章憎命达"。经历不幸、逆境，并从中悟出点什么，这对内容创作者而言，是必须练就的重要本领。

另外，从不幸或逆境中也好，平淡的日常中也好，我想去挖掘那些只有亲身经历过才能发现的"闪闪发光的魅力"。

以上，就是我在自己的电视人生中，贯彻至今的第二个欲望。

③ 想成为为观众，特别是年轻观众创造行动契机的媒体人

来说最后一个吧。

我是在①和②的基础之上，在找工作的过程中，开始意识到这第三点内容。

我希望电视能成为人们"开始某种行动的契机"，能成为帮年轻人们打开新世界大门的引路人。当我在找工作期间开始意识到电视这一媒体的重要性时，再次回顾自己跟电视的关系，我自己也吃了一惊。"我人生中重大行动"的多数，原来都跟电视有关。

我在中学时代一直是学校"生物部"的成员，而其契机正是因为收看了NHK电视台的节目《生命的40亿年·漫长的旅行》。

还有，大家也知道我很喜欢李白，大学时我参加的兴趣小组就是"汉语学习会"。这也是因为我看了NHK电视台的电视剧《大地之子》和纪录片《中国：12亿人的改革开放》，对于这两个节目描绘的差距巨大的中国，它所经历的翻天覆地的变化，让我产生了强烈的兴趣。

我人生中的大多数选择都因为电视。还真是肤浅啊，当时的我曾如此感慨。

但是，电视中那些让人身临其境地发现新世界的体验，被看电视促成的自我行动的体验，我希望能把我当初收获的这种双重体验的感动，哪怕一点也好，传达给更多人。这就是我的第三个欲望。

这就好比自己发现一家特别好吃的饭馆时，除了自己很开心之外，还特别想把它告诉给别人的那种心情。

当你发现了前所未知的新世界或价值观，就想马上告诉别人，世界上还有这种东西。而且，你还会想对他们说："我自己的人生也因为这种发现经历了改变哦。"

我要说的就是这两层意思。即使是现在，我觉得自己能从电视中学到的东西，也一点都不肤浅。

因为制作电视节目，真的很不简单。

这里又要稍微提到上一节的主题，以上这种对欲望的意识，也正是创作"深入人心的策划"时不可或缺的"肯定自我欲望的能力"。下面，我要再总结一下本节内容：

在欲望中，太过世俗的欲望，等级为"下"；将其升华后，可以达到"中"；最后，自己想在工作中实现的欲望，是"超"。

· 经历"最初的欲望→升华后的欲望"的形成过程。

· 但是，不能升华过度。

· 再添加上想通过工作（内容）实现的价值。

再经过以上三步之后，最初的欲望才能变身为真正的内容创作。

而只要大家不会忽略第三点，你创作出来的内容就不会只是单纯的个人趣味。如果是做公关推广活动，你制作的广告就不会只是强加于人的硬广告，而是能变成打动人心的优质内容。

以上就是在兼顾"吸引更多人收看"的广度和"充满热情目不转睛地收看"的深度时，我推荐大家使用的内容创作的基本结构。

31. 东京电视台力

爱上"制约"和"批评"吧，它们会变成你的力量

● **本节推荐阅读人群：**

- "完了，找工作失败了……"的你。
- 虽然找到工作，但遇到很多"不能按自己想法行事"的状况。
- 想跨越"逆境"的你。

为了创作出能吸引更多观众，且让他们收看"更深入"的电视节目，我已经带着大家边体验边掌握了"多重目标""肯定自我欲望""出乎意料"等技巧。而这些技巧都有一个共通的"生母"，即矛盾。

"希望工作轻松点儿，但是又想创作出让人觉得有深度的节目。"

"人们虽然喜欢看惯了的东西，但又存在好奇心。"

目前为止我介绍的多数技巧，都是在克服"矛盾"的基础上诞生的。描绘"前所未见的有趣内容"的技巧也好，制造"搞笑"的技巧也好，"打破平衡"的技巧也好，这些都是在直面"矛盾"的绝境中，摸索出来的"升华"之道。

正因如此，我们应该学会爱上制造矛盾的"制约条件"，和让人意识到矛盾的"批评"。

"制约"和"批评"，才是"革命"之母。关于这一点，我想已经不需要再给大家列举具体案例。

不过，我还有一点想说，我之所以会产生这些想法，全是因为进入了东京电视台。

从上一节内容中，大家应该发现我列举的那些"给我带来影响"的电视节目，没有一个是东京电视台的。它们全部出自NHK电视台。

照这个节奏，我是不是理所应当地能够进入NHK电视台呢……不过，有这种遭遇的可不止我一个。

我不得不说，东京电视台，实在是个不可思议的地方。因为这里的员工几乎都是因为没被其他电视台录取才来的。

你见过这种公司吗？近700位员工，都是遭受挫折后才选择了这里。我不得不说，这样的东京电视台无人能敌，如果从"文章憎命达"的立场来看的话。

在我们这儿，除了"挑战"二字别无他物。挑战，简直就是东京电视台的DNA啊。至于"批评"，我想任何公司都会有。不过，要说"制约之多"，还得数东京电视台无人能敌。

在建台50周年时，我担任了《东京电视台建台50周年特别节目——50年珍贵影像大放送！》的节目导演，在搜集节目素材的过程中，导演前辈们"挑战轨迹"时的那种愕然心情，到现在我都记忆犹新。

如题所示，这档节目是对东京电视台建台以来制作的众多电视节目的一次回顾，我负责的是综艺和部分体育板块。"有没有什么有意思的内容呢？"带着这种想法我开始浏览过去的节目，也由此为东京电视台"天真无邪"的程度所震惊。

比如，综艺类节目中就有一档叫作《生长中的植物王国》专门对植物进行静物摄影的节目。

电视跟照片相比，最大的优势就是能看到"动态画面"。然而这个节目却在拍摄一动也不动的植物……还是在黄金时段。现实很残酷，这节目播出不久就被叫停[1]。

之后在找有意思的体育节目素材时，我又感受到了更深的绝望。起初我希望能从过去的节目中找一些华丽的场面，而且作为怀旧影像，选择观众们都熟悉的内容比较合适，"奥运比赛项目应该不错"，带着这个想法我继续努力寻找符合的素材。

你猜我最后找到的是什么？"竞走"。这是何等朴素，又安静过头的运动比赛影像啊。全程就只有走路，至少得跑一跑吧……哪怕能跑一跑……

别说，还真被我找到了跑步的影像！就是现在日本电视台每年元旦播放的《箱根驿传[2]》！其实，以前似乎是由东京电视台转播比赛实况的。我觉得这就是我要找的内容，得抓紧时间取来

---

① 1994 年 10 月开播，半年后停播。

② 全名为东京箱根间往复大学马拉松接力赛，是于 1920 年创办，日本历史上最悠久的长跑接力比赛。比赛时间为每年的 1 月 2 日 ~3 日。实地或通过电视直播观看《箱根驿传》，也是日本民众在新年假期的一项重要娱乐活动。

原始素材细细查看。

　　然而等终于亲眼看到当时的影像时，我唯一的感想是，放弃这节目吧。开跑之后，尽是未经剪辑的原始影像，中间赛段却又忽然被大幅省略，最后，画面又猝不及防地直接切到了终点线之前。

　　这是因为东京电视台并没有对比赛做全程直播，只有终点前那一段才是实况转播。中间拍摄的镜头则要赶紧送回电视台，剪辑之后才能播出。比赛过程中最精彩的路段，就因为剪辑没赶上，最终也没能及时播出。

　　如果用箱根驿传来比喻我对这次 50 周年特别节目的感觉，别说是跑到权太坂^①赛段了，我们至多才到蒲田^②附近，而且明明尚在去程中，却遇到道口有火车经过，再也无法前进的那种绝望心情。

　　因为我是导演组里最年长的一个，就最先完成了后期剪辑，进行了"试映"。至于导演方法，我被告知的是"第一版随意发挥就好"。负责为这次台庆节目塑造整体世界观的总导演和制作人，是电视节目《SUMMERS 的未知街道之旅 2》^③的株木和伊藤，

---

　　①　箱根驿传第 2 区中的难跑路段。比赛全程路线是从读卖新闻东京本社前出发，至箱根芦之湖后折返，去程、回程为相同的 5 个区间，合计 10 个区间，由 10 名跑者接力完成。其中距离最长的第 2 区是最值得关注的赛段，也最能展示跑者的实力。

　　②　箱根驿传第 1 区中的途经地点。

　　③　日本搞笑艺人组合 SUMMERS 的冠名旅行综艺节目。节目名称中虽然有"2"的字样，不过该节目并没有第一季。

我只是在他们确定好的世界观基础上，照搬了节目中的"未知要点"元素，对过去的节目素材进行了整理剪辑。其实除此之外，也没有其他更合适的表现方法。

只是，我想当初电视台的大前辈们肯定是为了创作出"一些从没见过的新东西"，也付出了过人的努力才做出了《植物王国》，从节目中我就能感受到他们强烈的气魄。

《箱根驿传》也是如此，当时负责体育节目的同事们，为了及时送回刚拍好的片子，完成剪辑赶上播出，一定也曾拼命努力过。

还有那段"竞走"的素材，仔细看看的话，其实也非常有看头。这项带着"不能跑"的枷锁，以速度决胜负的竞技，跟总是要在各种制约中迎接挑战的我们，不是很相像吗？

这种想法确实脱不开"东京电视台"对我的影响。不过，我非常庆幸能在这里学到别处学不来的技术和精神。"挑战"，就是时时刻刻与"制约"和"矛盾"的苦战。

明明是电视影像，却选择拍摄植物，所以一动也不会动。

明明是速度竞技，却不奔跑。有跑步的节目，却又不是实况转播。在东京电视台过去的众多挑战中，失败案例就占了多数。我想，这之中肯定也有很多无能为力的事。我自己策划的节目，也有过很多失败的时候。

但最重要的是，即使遭遇失败，也要继续向"制约"和"矛盾"发起挑战。

最终，我们的 50 周年纪念特别节目，赢得了银河赏①的月度奖。创造了节目世界观的是株木和伊藤，支撑在节目背后的是"将无名之物变幻成有趣节目"的众多前辈的开拓精神，正是他们日积月累的努力，才换来了现在的成绩。

不过，不放弃对"矛盾"的挑战，并不是创作出能吸引更多人收看，且更有深度的节目内容的充分条件。

但不可否认，它确实是做出好作品的必要条件。

32. 3 种"破坏力"

关于合上这本书之后的"使用方法"

● 本节推荐阅读人群：

· 坚持从开头读到现在的你。

· 目前工作一帆风顺的你。

· 积累了各种工作经验，正处于公司中坚力量以上阶层的你。

---

① 日本放送批评恳谈会于 1963 年创立的一年一届的奖项，其目的在于表彰在电视广播行业做出突出贡献的节目、团体以及个人。

坚持读到这里的朋友们，大家真的辛苦了。"1 秒抓住人心"的 32 个技巧，终于只剩最后一个了。

在这一节中，我想说说关于合上这本书之后的事。

接下来的阅读过程中，你可能会出现"不想读完这一节的瞬间"，不过我希望各位能再稍微坚持一下，读到最后。因为我即将讲的内容，不只跟本书有关，也直接关系到大家今后会读到的其他书籍的阅读方法。

首先我想问问大家，阅读这本书时的感想如何呢？

请暂且停下来，稍微考虑一下这个问题。

有答案了吗？

回想下你读完的那些内容，如果感觉多少对你有帮助，我会感到非常荣幸。

我想教给大家的技巧绝对是充实有料的。在准备写这本书时，我最先想到的是，绝对不能写出一本只会激发人斗志的"励志型商业书籍"。

因此，我写出来的绝不能是单纯的"说明型"书籍，必须是让读者一边阅读，一边能切身体验到书中技巧的"体验型"书籍。

我希望当大家读完这本书时，写在纸面上的技巧，能一点点渗透进大家的身心，变成可以灵活运用于日常工作的实用技巧。

"那么，你写这本书的动机到底是什么呢？"肯定会有读者有此疑问。问得好，我在这本书里也强调过，通过问"为什么？"去彻底挖掘行动动机的重要性。

下面我就说说，我拒绝写励志型书籍，坚持写一本"超级实践型书籍"的理由。

我是为了我自己，为了自己节目中的 35 位年轻导演而写。

这里说的节目主要是指《可以跟你回家吗？》。我写这本书的最根本动机，就是为了让自己节目组的小伙伴们能制作出最精彩的内容。因此，只能让人感觉热血沸腾的励志型书籍并没有用。

我希望读过我写的书，大家绝对能掌握到新的技巧，绝对会认为这是一本"有帮助的书"！我想我的这种意志，绝对比任何商业书籍作者都要强。另外，电视行业以外的从业者，也可以从这本书中学到实用知识。

《可以跟你回家吗？》的节目组有大约 70 位导演。虽然也有经验丰富的导演，但半数以上都是年轻人。年轻导演特别多，也可以算这档节目的一个特征。

最初会选用这么多年轻导演，确实是有难以召集到 70 位有经验导演的原因存在。但实际运作起来之后，我也发现了启用不同年龄层导演的魅力之处。

比如，采访"20 岁大学生"的时候，20 岁和 40 岁的导演能挖掘出的主人公魅力，果然完全不一样。不同年龄段的导演以各自的感性，能为节目呈现出不同的魅力。这种多样性也是节目吸引人的一大原因。

我们节目组最年轻的一位导演，只有 23 岁。"住在船上的父子俩""后悔离婚的警卫员""对亡妻留下的八音盒格外珍惜的老人""能一口气吃下 Peyoung 炒面的一桥大学生""思念着逝去的妻子，跟狗狗一起生活的老爷爷"等等，从引人发笑的

VTR 到意味深远的 VTR，他拍的很多故事，都在节目中播出过。

23 岁就能做上黄金时段（19~22 点）节目的导演，一般情况下，这种事绝不可能发生。更不用说这档节目的外景，没有艺人出镜，导演还要负责摄像，对导演能力的要求变得更加严格。

作为节目的总制作人、导演，为了提升这些 20 岁出头年轻导演的战斗力，激发他们的才能，我必须传授给他们一些超级实用的"武器"。

但是，这事吧，太麻烦了。

我啊，并不算个好上司。一有时间，必须先用来读漫画，或者去最喜欢的公共浴池，吃午饭的间歇，也要用来定期打听台里的八卦消息。

最重要的是，35 位年轻导演，我要"一个人一个人"，且"一条一条"给他们说明需要改善的地方，全部都指导一遍的话，恐怕至少得花上一年时间。

因此，我有了创作一本采访、后期剪辑指南的想法。但是这还是很麻烦，毕竟平时的工作也不少。但是不写又不行……

恰好在这期间，钻石社书籍编辑部的今野良介联系到我，"要写本书吗？"这简直太合我意了。

因为大家都是读到最后的读者了，关于我的写作动机也就没必要遮遮掩掩，听到大实话的感觉不错吧。

为了提升自己节目的品质，还能拿着出版社的报酬，"给自己的同事创作工作指南"。这就是我动机的第一步。

这一点就跟市面上的商业书籍产生了决定性的差异。因此，大家读这本书的最大好处，就是绝对能学到可以用于实践的技巧。

"为了工作伙伴"准备的实战武器。这个最初的动机，也促使我决定要认真地把这本书写成"能为读者所用"的实用书籍。

但是，问题来了。这本书面对的"读者"是谁呢？

并不是我那 35 位年轻导演。

这本书是为了让身处策划、销售、公关、视频内容制作、文案等各行各业的人们，能掌握到超级实用的武器而写的。

因此，我写进这本书中的众多技巧，在电视以外的行业同样具备实用性。或者说，为了让这些技巧能适用于其他行业，在配合具体的案例进行讲解时，我已经将总结出来的特殊技巧的"重要概念"进行了提炼，便于大家理解。

在"肯定自我欲望的能力"一节中，关于创作"最完美的策划"，我讲了 A 到 C 三个必备部分，将其中的 A（＝自己的欲望）和 C（＝对各位读者有帮助）有机融合，得到的就是本书。

至于 B 项的"公司强项"，也就是说身为作者的我的强项，正是日复一日创作"非虚构故事"的丰富经验。我希望大家将这一整本书当作"故事"去享受的同时，更能身临其境地体验到我要传授的各种实用技巧。

我为什么要如此坦白呢？这全是为了让大家在明天的实际工作中能马上把书中学到的技巧用起来，以及今后在阅读其他商业书籍时，能边考虑"作者的动机"边进行阅读。

其实，多数商业书籍的写作初衷，基本都是为了成为对读者有用的书，至少我认为钻石社出版的书都做到了这一点。

但是,这些书又绝对会将"作者的动机"隐藏起来。如果大家在阅读时没有意识到这点,就把书中传授的技巧照搬进自己的工作(无论公关、策划、销售,或包括提案在内的广义上的"内容"),我想进展并不会如预想般顺利。

此时,你需要的正是这最后一节的主题,"破坏力"。为了创作出魅力十足的内容,我要说明的这项"破坏力",包含了三层含义。

①"应用"时的破坏力。

②对"基本"的破坏力。

③对"自己"的破坏力。

下面,让我详细地解释一下。

①"应用"时的破坏力

这一点可是将本书所学应用于实际工作中的重要技巧,各位可要千万记牢。

我之前说过,将电视行业中总结出来的技巧,运用到自己行业中,往往能产生意想不到的力量。但是,如果只是原封不动地导入,结局注定是失败。

接下来我就讲一个自己的失败案例。

我曾经做过一档叫作《说谎般的真实瞬间! 30 秒后你绝对想看的 TV》的 2 小时黄金时段节目。

节目的核心概念是将各种各样的"冲击性瞬间"在 30 秒后曝光,导演宗旨是"注重速度感"。

　　我进入电视台是在 2005 年，恰逢 YouTube 横空出世。可以说我迄今为止的整个职业生涯，正好见证了 YouTube 掀起的网络视频热潮发展的全过程。

　　网络视频的最大特征就是节奏感强。即使拿着小小的手机观看，也不会觉得痛苦，每一个视频内容的节奏都非常快。因此，即使故事性较弱，也让人百看不厌。即使内容没什么意义，只要影像中有一瞬的冲击力特别强，还是会吸引来观众。

　　另外，电视黄金时段的前半段，即 19 点到 20 点之间的主要目标观众群是儿童及青少年，他们对网络视频的快节奏已经越发适应。

　　2012 年，最初作为特别节目开始播放的《说谎般的真实瞬间》，正是将"网络视频"创造出的"快节奏"作为导演核心。

　　"橡皮圈切西瓜的瞬间""世界中的奇妙祭典""不可思议的化学实验"。我们将电视节目中一直重点表现的现象发生的"理由""意义"，做了最大限度的压缩，甚至完全剪掉，只将各种具有冲击力的现象以快节奏呈现出来。

　　结果是，节目获得了儿童及青少年观众层的支持，取得了颇高的收视率，还拿下了东京电视台 64 岁以下观众层中的收视率第一名。

　　以特别节目的形式播放过 7 期之后，这档节目终于升级为每周的固定节目，此后，收视率也一直居高不下。以至于东京电视台跨年夜的黄金时段，播放了数十年的演歌节目，都被换成了《说谎般的真实瞬间》。

　　然而不久之后，这档风光一时的节目也迎来了结束。最大原因就是，素材完全供不应求。

　　担任这档节目的演出家、导演、放送作家们，其实都非常优秀。他们努力将原本效果平平的影像通过倒放、快进等各种各样的手法，变得特别有意思有看头。

　　节目做到中期，我们还邀请了以前知名的魔术师扑克人，让他只使用建材超市的商品进行魔术表演，还做过把小型货车改造成浴池，开到风景绝佳的地方去泡汤的内容。总之我们努力制作了不少能撑时间的素材，但一年半之后，收视率就开始持续走低。

　　如果只使用能与网络视频匹敌的时间短、节奏快的视频，2 小时的节目就需要几十个视频，这个需求量实在难以一直保证下去。

　　将网络视频这一特殊内容形式中诞生、进化出来的技巧，运用到电视上，确实助力不小，也确实能创造出"前所未见的有趣"。但是，电视媒体自身的特殊性无法应对网络视频原封不动地嫁接，最终只会迎来不可阻挡的结束。而这种行业自身的"特殊性"，在任何行业中都必然存在。

　　我这里说的电视的特殊性，就是每周必须制作出长达 2 小时的节目。在收看这 2 小时节目的观众中，确实会有时不时换台进来或换走的人，但也一定有完整收看了 2 个小时的人。

　　现在想来，对这些完整收看节目的人而言，节目中那些不太追求"意义"、只注重节奏的视频，初看或许还挺耳目一新，但是变成每周固定节目之后，当初的新鲜感一旦消失，那种让人"下周也想收看"的魅力就变得后劲儿不足。

就和这个例子一样，将所有书籍中的"技巧"运用到自己的工作中时，确实可以变身为强大的武器。但是在实际应用之时，我们如果不具体问题具体分析，让书中技巧"落地"，结果注定是失败。

以上就是我要讲的第一点"破坏力"。

而在思考"要如何应用呢？""具体运用哪项技巧呢？"时，你不可或缺的指南针就是"关于书籍作者的动机分析"。

以"我想更轻松地工作"为初衷的这本书，全部内容都立足于我从第一线的电视制作工作中掌握的"技巧"。

其中，有像"打破平衡""设定多重目标"这样，可以很快上手的技巧。也有不少为了适用于各行各业的实际工作，提炼出"核心概念"进行介绍的技巧，"热爱不幸的能力""矛盾的本能的解决力"就可以算作这一类。

如果大家在各自的工作中，能带着打破这些技巧的意识去灵活运用，将会收到更好的效果。

此外，在运用这些技巧时，如果能把你自己希望通过工作实现的价值也注入其中的话，更是锦上添花。

② 对"基本"的破坏力

大家通过以上的第一步骤，真正掌握了书中的各项技巧之后，请把它们当作"基本"，去重新审视一番。这就是我所说的对"基本"的破坏。

我之前讲过，为了让观众一秒也不感到厌倦，始终带着兴趣收看节目的重点，就是利用"意料之外的力量"。这本书里写的内容，其实全部都是"基本"。其中需要特别注意的各个要点，我也特意写了"基本上"。

当你经过阅读、体验的过程，觉得真正掌握了这本书传授的技巧时，你拥有的不过是"基本"而已。在实际运用时，大家要切记这一点。

在看《可以跟你回家吗？》的 70 位导演制作的 VTR 时，最让我兴奋的是，看到大家都能推翻我平时让他们注意的地方——即我写进本书的各项技巧，描绘出主人公意料之外的崭新魅力。

一直活跃在电视一线，经验丰富的导演们时刻都会带着"推翻基本，制造意料之外"的意识。与此同时，看着这些前辈的年轻导演们，便会为之感动，也跟着学起他们的做法。

然后这些"打破常规的内容"又会渐渐变成"典型内容"，促使他们再去打破新的常规，形成良性循环。如此，大家的导演手法不断累积，就会变成我们的强项。

所以各位读者也万万不可执着于基本技巧，在完全掌握之后，就应该去思考"如何打破它"，发掘出新的东西。为此就要说到以下的第三点。

③ 对"自己"的破坏力

这一点必不可少。我时常会提醒自己，必须去打破自己的"原则"。虽然也总会经历失败，但是如果放弃这种努力，可以说"创作生涯就结束了"。

我写这本书的另一个动机，就是为了再一次整理自己到目前为止的思考。我自己，是思考着什么在制作电视节目呢？我自己，是用了怎样的技巧，在制作电视节目呢？

写到这里，我全部的技艺已经再无保留。对我自己而言，写在这里的所有技巧，既是我继续工作的重要助力，也是供我进行"如何打破现状"研究的对象。

因此，日后跟大家在电视上再会时，我会在展现"全新的有趣内容"，吸引大家"1秒也不会厌倦地收看"的同时，也不忘了去打破写在这本书里的原则，创作出大家更喜欢收看的电视节目。

最后，希望各位朋友们在今后的日子里，也能一如既往地关注我们东京电视台。

写在最后

2018 年 4 月 27 日，未曾谋面的钻石社编辑今野良介，经熟人介绍给我发来一封邮件。

内容居然长达 50 行：

您好，我是钻石社负责制作业务类书籍的今野良介。

我是一位立志于终生制作"文章"和"语言表达"主题书籍的编辑。大学时代，我在一边写小说一边旅行的途中，接触到民俗学相关的采访，被其魅力所折服，如今我最喜欢的电视节目就是《可以跟你回家吗？》。在读过您之前出版的书籍《电视导演的导演术》和《失败者的读书法》之后，我决定给您写下这封邮件。

我十分希望能跟高桥先生一起，制作一本以"有趣地传播"为核心概念的书，副主题可以是"如果电视导演来执导商业书籍，会做出怎样的作品？"

我虽然是只做业务类书籍的编辑，但平时几乎不会读这类书。

如今这块图书市场正在逐渐缩小，"畅销业务类书籍的制作方法"也在渐渐模式化，想看到新颖有趣的内容越来越难。

作为一个编辑，我不得不承受在固定模式下制作书籍的苦闷，此外，难以用有趣的方式制作正确内容的急躁情绪也无法传达给别人。我现在的图书制作，也是朝着"打造有趣的读书体验"的方向在拼命努力。

我真的特别喜欢《可以跟你回家吗？》，每期节目都会录下来，跟家人一起收看。

这种类似"普通人的电视剧"的内容我一直都很喜欢，但是为什么我对这档节目情有独钟呢，直到读了您写的《失败者的读书法》，知道在基于阳春白雪的世界观制作的主流综艺节目之外，还有完全相反的制作思路时，我的内心真的感受到了很大冲击。

我衷心地希望您出色的导演能力，也可以在书籍中得到尽情发挥。

我希望能做出一本以"有趣的方式传播"为主题，不必受到任何现有模式的束缚，能让读者品味到"有趣的阅读体验"的书。我希望这本书，能让那些平时对业务类书籍不感兴趣的人，也会觉得"有意思"。

……

我深知您的工作繁忙，但是如果您对我的提议多少感兴趣的话，请您一定抽空跟我见上一面，详谈细节。

期待您的回信。

今野良介

真是位热血青年啊。

关于我要把他的邮件展示给大家的理由，具体有三点。

其一，能看到平时看不到的邮件内容，我感觉特别开心。所谓业务类书籍，就是在今野这样热血编辑的工作热情中，才得以诞生的。

其二，作为本书的一种享受方法，我觉得将"编辑"这一关键词跟阅读做连接，也非常有趣。

大家知道我对"市井百姓"的人生非常感兴趣。那么来看看这位编辑吧，今野良介，1984年生人，现年34岁，担任过《用户投诉的"全面回击"手册》《绝不会落榜的小论文》《超高速写作法》《所以，还想去》《系统"外包"必读》等图书的编辑，是aiko①的忠实粉丝。他曾在参加完aiko演唱会之后，在一个叫作note的网站上，用了整整112行抒发对aiko的爱意，说实话那简直达到了疯狂的程度。

读者之中，应该有今后打算从事内容创作的年轻人吧，大家可以去关注一下书籍背后的编辑。纵观他担任过编辑的书籍名称及作者，思考其中隐藏的意图，这不仅是阅读的乐趣，也是一种颇具实践意义的学习。

另外我想说一下本书中提及的影像作品，从专业导演的视角，我选择了不少有观看价值的小众作品。除此之外，我尽量选用了大家在教科书或大学课堂上听过的内容，还有一些热门的电影案例。

我说过，在挖掘事物魅力时，"观察"至关重要，但大家并不需要把它看得太过特别。对于学校学到的知识，能稍稍深入一步去琢磨；对于与日常工作相关的情报，能更深入透彻地去观察；对于平时消费的内容，可以再做进一步地调查了解；还有找到深

①　日本流行音乐女歌手。歌曲多为情歌，以独特的女生视角，深得各年龄层歌迷的喜爱。

入观察日常生活相关信息的切入点，这才是最重要的。

最后是第三点理由，它跟我决定写这本书的动机也有关系。

说实话，虽然受到了编辑的委托，但因为工作太忙，我迟迟未能动笔。可是想到今野编辑的满腔热情，我又不能放弃这件事，能给没见过也不认识的人写出长达50行的邮件，他可不是一般人。

因此，我也得全力以赴地回应他的热情，总之我将迄今为止掌握的全部技能，都放进了这本书中。我想，大家读到最后，一定会在心底开始思考——通过目前的工作，我自己想创造出些什么呢？我希望各位读者能将从这本书中获得的技巧，真正运用于自己实现梦想的努力之中。

说来很神奇，我万万没想到，今野编辑希望我呈现的"有趣地传播""有趣的读书体验"，跟我在制作节目时追求的"娱乐性"和"体验型故事"，完全契合。

他提及的这两点，也是我在内容创作中重点思考的细节，带着进一步整理自己思路的目的，我终于开始了这本书的撰写。

在这里，我想再一次衷心地感谢编辑今野良介。从他那儿，我收到了很多热烈的鼓励、启发，还有我估计是酒醉时发来的邮件。还要感谢因为突然而至的大量交稿要求，不得不接受我改变既定家庭日程的妻子和女儿，七五三节^①的参拜，还不知道能不

---

① 每年的11月15日是日本的"七五三节"，这一天，3岁、5岁的男孩和3岁、7岁的女孩，都会穿上传统和服，跟父母到神社参拜，祈求身体健康、顺利成长。

能全家一起去。

为本书提供精美设计的杉山健太郎、负责排版的樱井淳、负责校正的加藤义广，还有提供插图的大坪百合表示感谢，真的非常感谢各位的辛勤付出。

我还要感谢一直以来跟我共同制作电视节目的制作公司、自由导演、制作人、放送作家，以及后期各位剪辑、技术人员，还有艺能事务所的艺人们。

在写作这本书的过程中，我再一次认识到，正是因为大家共同的努力，才能制作出优秀的电视节目。因为我个人的能力不足，给大家造成过诸多困扰，但是各位同仁总是肯给予我无私的帮助，这份感谢之情实在难以言表。

另外，还要感谢现在跟我一直制作《可以跟你回家？》的制作公司 WHOLEMAN、LOGIC、Capstone、BOMARS、Highball、日经映像、UN-TRASH 和 UPFIELD，感谢大家一直以来的专业支持。当然还得感谢跟以上各个公司和自由导演、制作人配合的 70 位节目组导演、30 位导演助理，大家也都辛苦了。这档节目都是靠大家不畏寒暑，走上末班车停运后的街头，一次又一次努力采访拍摄，才获得了今天的成绩。此刻正在读这本书的读者朋友们，如果下次在收看我们的节目时，能留意下演职人员表，定会发现更多乐趣，比如"啊，又是这个导演的 VTR"的亲切感。

最后，在迄今为止的节目中，愿意接受我们拍摄请求的所有朋友，真的非常感谢大家的支持。其间有不少因我的照顾不周给大家造成的困扰，实在非常抱歉。我的电视制作人生，真的承蒙很多人的支持才能走到今天。

因此，我断然不敢放松每一天的努力，为了呈现给观众们更优质的节目内容，我必须全力以赴。

还有一直支持我的工作，独自担起育儿重任的我的妻子千寻，总是以可爱的睡脸治愈我的女儿小实，感谢你们！

最后，一直收看节目的观众朋友们，购买了本书的读者朋友们，感谢大家的无私支持。今后，我也会继续以制作出大家更喜欢收看的电视节目为目标，继续我的电视人生。

如果未来的某一天，在末班车停运后的车站，你也遇到了我们《可以跟你回家？》的摄制组，真心地希望你能愉快地接受我们的采访请求！

2018 年 11 月 24 日

经妻子千寻和女儿小实特别批准，获得周末工作许可的高桥弘树